U0323720

果树园艺与栽培研究

巢 强　崔 胜　陈大明◎主编

延边大学出版社

图书在版编目(CIP)数据

果树园艺与栽培研究 / 巢强, 崔胜, 陈大明主编
. -- 延吉：延边大学出版社, 2019.6
ISBN 978-7-5688-7059-7

Ⅰ.①果… Ⅱ.①巢… ②崔… ③陈… Ⅲ.①果树园
艺—研究 Ⅳ.①S66

中国版本图书馆CIP数据核字(2019)第120523号

果树园艺与栽培研究

主　　编：巢　强　崔　胜　陈大明
责任编辑：崔丽英
封面设计：吴　倩
出版发行：延边大学出版社
社　　址：吉林省延吉市公园路977号　　　　邮　　编：133002
网　　址：http://www.ydcbs.com　　　　E-mail：ydcbs@ydcbs.com
电　　话：0433-2732435　　　　　　　　传　　真：0433-2732434
制　　作：山东延大兴业文化传媒有限责任公司
印　　刷：天津雅泽印刷有限公司
开　　本：787×1092　　1/16
印　　张：13.5
字　　数：212千字
版　　次：2020年6月第1版
印　　次：2020年6月第1次印刷
书　　号：ISBN 978-7-5688-7059-7

定价：55.00元

前言
PREFACE

　　果树是一种高产值、多用途的园艺作物,果树栽培具有较高的经济效益,果树园艺与栽培在我国生态文明建设和建设美丽中国的进程中有着相当重要的作用:一是起到保护环境、修复生态和美化环境的作用。二是为实现农民增收、繁荣当地经济起到积极的推动作用。三是为人民提供丰富多彩的干鲜果品,水果能补充多种营养,对促进人体健康有着积极的作用。

　　改革开放以来,随着国民经济的快速发展,我国果树的综合生产能力有了很大提高,栽培规模持续扩大,从1993年至今,我国果品总面积和总产量一直稳居世界第一。根据国家统计局数据:1995年我国果园面积为809.8万公顷,到2017年国内果园面积增长至11135.92万公顷左右。同时,果品的质量和产业化水平也在不断提高。目前,果品产业已成为继粮食、蔬菜之后的第三大农业种植产业,是国内外市场前景广阔且具有较强国际竞争力的优势农业产业,也是许多地方经济发展的亮点和农民致富的支柱产业之一。

　　果树栽培面积的增加和果品质量的提升对于促进我国果品出口、增加外汇、丰富农产品市场、提高人民生活水平,起到了巨大的促进作用。但在果树单位面积产量、果品质量、人均水果占有量、国际果品市场竞争能力方面,还有很大的提升空间。我国果树生产要发展,首先要在理论上武装果农,使果农能熟练掌握果树园艺与栽培技术,只有掌握了科学的理论,才能加快果品的品牌化、标准化、产业化建设,才能有效实施有机农业、生态农业。因此,笔者编写了本书,汇集了创新、实用、高效、先进的果树栽培技术,以期为广大果树种植者提供技术上的支持,但是书中难免有不全面的地方,还望广大读者批评指正。

目录
CONTENTS

第一章 果树园艺与栽培概述

第一节 果树园艺植物的分类

果树种类多样,其特性也千差万别。人们所栽培的果树都是通过人类对原始野生植物的长期栽培实践,从而将其驯化而来。当前全世界的果树包括野生果树总共有60科、2000种左右,其中比较重要的大约有300种,它们分布于世界的各个角落。对果树分类的研究有利于探究果树的种和品种的分类、亲缘演化关系、命名、栽培历史和地理分布,并能为合理栽培和利用果树提供理论基础。

一、栽培学分类

我国是世界栽培植物的八大原产中心之一,植物资源多,素有"世界园林之母"之称。我国是世界上果树原产中心里最重要的一个国家,并且有悠久的果树栽培历史,世界绝大部分果树在我国均有分布。在长期的生产实践中,我国的果树形成了众多的品种和类型。由于不同的栽培历史和利用、发展,品种数量差异较大,品种间性状和性状差异程度也不一样。一般说来,栽培历史越长,品种的利用和开发程度越深,品种越多,经济性状的分化就越多样化。对于简单的种类,由于品种数量少,根据种的不同,可以分为多个品种。然而,对于各种各样的品种,有必要对它们进行适当分类,这不仅能反映自然发展的规律和相互关系,而且便于应用。根据生物学特性相似和栽培管理措施相近的原则,对栽培学进行综合分类。

(一)木本落叶果树

木本落叶果树是指果树在秋冬季节完全落叶,来年春天再长出新的树叶,有明显的生长期和休眠期。

1.仁果类

仁果类的花托是主要的食用部位,心皮最终形成果心,包裹着种子或种子在花托顶端,其种类具体包括苹果、沙果、海棠果、梨、木瓜等。

2.核果类

核果类的果皮是主要的食用部位,果皮包括外果皮、中果皮和内果皮,食用其中的一部分或全部。内果皮有时很硬,形成果核,包着种子;有时整个果皮均为肉质,直接包着种子,其种类具体包括桃、李、杏、梅、樱桃等。

3.坚果类

坚果类的种子是主要的食用部位,其水分含量比较少,一般淀粉和脂肪的含量多,其种类具体包括核桃、山核桃、长山核桃、栗、阿月浑子、银杏、扁桃等。

4.浆果类

浆果类的品种可以具体再分为灌木、小乔木、藤本和多年生草本四种,其果实多汁或肉质,种子分散在果肉中,一般种子的数量较多,但也有种子少且大的品种,这种品种的种子没有分散于果肉之中,而是被果肉所包裹,其具体种类包括葡萄、草莓、猕猴桃等。

5.柿枣类

柿枣类的具体种类包括柿、枣、酸枣、君迁子等。

(二)常绿果树

常绿果树指的是树冠终年常绿,春季新叶长出后老叶逐渐脱落,无明显的休眠期的果树,其具体种类包括以下几种:

1.柑果类

柑果类的果皮厚薄不一,外果皮有多数油胞,中果皮呈海绵状,内果皮形成瓤囊,内有多数汁胞和种子,其汁胞或整个瓤囊是主要食用部分,例如柑橘、甜橙、酸橙、柠檬、柚、葡萄柚等。

2.浆果类

浆果类的果实多汁或肉质,种子小而多,分散于果肉中,例如阳桃、蒲桃、莲雾、番木瓜、人心果、番石榴、枇杷等。

3.荔枝类

荔枝类的假种皮是主要的食用部分,其果皮为肉质或壳质,平滑或有突疣、肉刺,例如荔枝、龙眼、韶子等。

4.核果类

核果类分为两种,一种外果皮肉质肥厚、内果皮骨质,形成果核,如橄榄;另一种外果皮革质、中果皮和内果皮均为肉质,为食用部分,如油梨。

5.坚(壳)果类

坚(壳)果类的种子是主要的食用部分,其水分含量较少,脂肪或淀粉的含量较多,例如腰果、椰子、槟榔、澳洲坚果、香榧、巴西坚果、苹婆等。

6.荚果类

荚果类的果实为荚果,其肉质的中果皮是食用部分,外果皮壳质、内果皮革质,包着种子,例如酸豆、角豆树等。

7.聚复果类(多果聚合成或为心皮合成的复果)

聚复果类的果实由多花或多心皮组成,形成多花或多心皮果,例如树菠萝、面包果、番荔枝、刺番荔枝等。

(三)多年生草本果树

多年生草本果树是指能生活两年以上的草本植物,例如香蕉、菠萝等。

(四)藤本果树(蔓生果树)

藤本果树是指茎部细长、植物体细长,不能直立,只能依附别的植物或支持物(如树、墙等),缠绕或攀缘向上生长的植物,例如西番莲、南胡颓子等。

二、生态适应性分类

根据生态适应性,果树可分为寒带果树、温带果树、亚热带果树和热带果树四大类。

(一)寒带果树

寒带果树的耐寒性强,能抗−50～40℃的低温,如山葡萄、秋子梨、榛子、醋栗等。

(二)温带果树

温带果树耐涝性较弱,喜冷凉干燥的气候条件,如苹果、梨、桃、李、核桃、枣等。

(三)亚热带果树

亚热带果树具有一定的抗寒性,对水分、温度变化的适应能力较强,可分落叶性亚热带果树(如扁桃、猕猴桃、无花果、石榴等)和常绿性亚热带果树(如柑橘类、荔枝、杨梅、橄榄、苹婆等)。

(四)热带果树

热带果树对短期低温有较好的适应能力,喜温暖湿润的气候条件,可分一般热带果树(如番荔枝、人心果、番木瓜、香蕉、菠萝等)和纯热带果树(如榴梿、山竹子、面包果、可可、槟榔等)。[①]

第二节 果树园艺植物的形态

一、地上部

(一)树干

树干是树体的中轴,它分为主干和中心干。从根茎以上到第一主枝之间的部分称为主干,它是果树地上部分的主轴和支柱。其主要作用在于下接根系,上承树冠,是水分、养分上下运输的唯一通道,主干的高度叫干高。主干以上到树顶之间的部分称为中央领导干,简称中心干(如图1-1所示)。有些树体虽有主干,但没有中心干(如开心形的桃树等)。

---

① 王转莉. 果树生产技术基础理论[M]. 银川:宁夏人民出版社,2014.

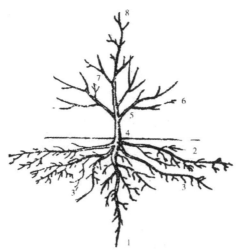

1—主根;2—侧根;3—须根;4—主干;5—主枝;
6—副主枝(侧枝);7—枝组;8—中央领导干

图1-1　果树树体结构示意图

(二)树冠

主干以上由茎反复分枝构成树冠骨架,树冠由骨干枝、枝组和叶幕组成。

1.骨干枝

树冠内比较粗大而起骨架作用的枝,称为骨干枝。骨干枝主要指中心干、主枝、侧枝(副主枝)等构成树冠骨架的永久性枝。直接着生在树干上的永久性骨干枝,称为主枝。根据产生的先后顺序,由下而上依次称为第一主枝、第二主枝、第三主枝等,主枝上的主要分枝称为侧枝。主枝是一级枝,侧枝是二级枝,以此类推。主枝的作用在于帮助主干和中央领导干做好养分和水分的运输工作,并分担树冠向外发展,起到扩大树冠的作用。由中央领导干、主枝、侧枝等各级骨干枝的先端向同一方向继续延长生长,进一步扩大树冠的一年生枝条,叫作延长枝或枝头。

2.枝组

枝组亦称枝群、单位枝或结果枝组,它着生在各级骨干枝上,是构成树冠、叶幕和生长结果的基本单位。

二、根系

(一)根系组成

果树根系通常由主根、侧根、须根三部分组成,主根由种子胚根发育而成。由主根上产生的各级粗大根,统称为侧根,直接着生在主根上的称为一级根,一级根上再发生的根称为二级根,其余依次类推。各级根上着生大量细小根称为须根,无性繁殖的植株则无主根。

(二)根系来源

1.实生根系

由种子胚根发育而来的根,称为实生根系。实生根系主根发达,根生命力强。果树由于多采用嫁接栽培,如苹果、梨、桃、柑橘等栽培品种苗木,其砧木为实生苗,根系亦为实生根系。

2.茎源根系

利用植物营养器官具有的再生能力,采用枝条扦插或压条繁殖,使茎上产生不定根,由此发育成的根系称为茎源根系。茎源根系无主根,生命力相对较弱,常为浅根。葡萄、石榴、无花果等用扦插繁殖,其根是茎源根系。

3.根蘖根系

枣、山核桃等的根系通过产生不定芽可以形成植株,其根系称根蘖根系。[①]

第三节 果树栽培的生物学原理

一、果树的生长发育

在果树的一生中,有两种基本的生命现象,即生长和发育。生长是指果树个体器官、组织和细胞在体积、重量和数量上的增加。发育是指果树细胞、组织和器官的分化形成过程,也就是果树发生形态、结构和功能

①梁红,黄建昌,柳建良.果树栽培实用技能[M].广州:中山大学出版社,2012.

上的变化。果树的生长和发育是交织在一起的,没有生长就没有发育,没有发育也不会有进一步的生长。

(一)根的生长发育

根系是果树的重要器官,是其整体赖以生存的基础。土壤管理、灌水和施肥等重要的田间管理,都是为了营造根系生长发育的良好条件,以增强根系代谢活力,调节植株地上部、地下部平衡协调生长,从而实现优质、高产、高效的目的。因此,根系生长优劣是果树能否发挥优质潜力的关键。

幼树期垂直根优先生长,当树冠达到一定大小时水平根迅速向外伸展,至树冠最大时根系分布范围达到最广。自春季气温回升至冬初地温下降,多年生果树的根系生长一般呈现出两个生长高峰。华北地区,第一次高峰出现在5~6月,是全年发根最多、根系生长时间最长、生长量最大的时期,也是一年生植物根系的生长盛期;第二次生长高峰发生在秋季。

多数植物的根系在夜间生长量大,新根发生也多,白天的生长量相对较小。

(二)茎的生长发育

1.茎(枝)的雏形——芽

果树的芽是其茎或枝的原始体,芽萌发后可形成地上部的叶、花、枝、树干、树冠,甚至一棵新植株。因此,芽实际上是茎或枝的雏形,在果树生长发育中起着重要作用。

(1)芽的类型。根据位置不同可分为顶芽、侧芽及不定芽;根据芽萌发后形成的器官不同可分为叶芽和花芽。在花芽中,萌芽后既开花又抽生枝和叶者称为混合芽。例如苹果、梨、葡萄、柿等;与此相反,桃、梅、李、杏、杨梅等的花芽只开花,不抽生枝叶,称为纯花芽;根据芽形成后的状态可分为休眠芽和活动芽。

(2)芽的特性。芽的异质性:枝条或茎上不同部位生长的芽由于其形成时期、环境因子及营养状况等不同,造成芽在生长势及其他特性上存在差异,称为芽的异质性。一般枝条中上部多形成饱满芽,其具有萌发早和萌发势强的潜力,是良好的营养繁殖材料;而枝条基部的芽发育度低、质量差,多为瘪芽。一年中新梢生长旺盛期形成的芽质量较好,而生长低峰期形成的芽多为质量差的芽。

芽的早熟性和晚熟性：有些果树的芽，当年形成，当年即可萌发抽梢，称为芽的早熟性，如柑橘、李、桃和大多数常绿果树等；具有早熟性芽的树种一年可抽生2～3次枝条，一般分枝越多，进入结果期越早。另外一些树种当年形成的芽一般不萌发，要到翌年春季才萌发抽梢，这种现象称为芽的晚熟性，如苹果、梨等果树。

萌芽力和成枝力：果树枝条上芽的萌发能力称为萌芽力。萌芽力的强弱一般用枝条上萌发的芽数占总芽数的百分率表示，萌芽力因果树种类、品种及栽培技术不同而异，如葡萄、桃、李、杏等萌芽力较苹果、核桃强。采用拉枝、刻伤、抑制生长的植物生长调节剂处理等技术措施均可不同程度地增强萌芽力，但实际生产中，不同果树对萌芽力有不同要求。果树萌芽力强的种类或品种，往往结果早。多年生果树，芽萌发后有长成长枝的能力，称为成枝力，常用长枝数占总萌发芽数的百分比来表示。

潜伏力包含两层意思：其一为潜伏芽的寿命长短，其二是潜伏芽萌芽力与成枝力的强弱。一般潜伏芽寿命长的果树寿命也长，植株易更新复壮。相反，萌芽力强、潜伏芽少且寿命短的植株易衰老。改善果树营养状况，调节新陈代谢水平，采取配套技术措施，能延长潜伏芽寿命，增强潜伏芽萌芽力和成枝力。

2.茎的分枝

在果树中主要有单轴分枝、合轴分枝两种，单轴分枝（总状分枝）是从幼苗开始，主茎的顶芽活动始终占优势，形成一个直立的主轴，而侧枝不太发达，如苹果、梨、柿等。合轴分枝是顶芽活动到一定时间后死亡或分化为花芽，或发生变态，或生长极慢。而靠近顶芽的腋芽迅速发展成新枝，代替主茎的位置。不久，这条新枝的顶芽又同样停止生长，再由其侧边的腋芽所代替，如葡萄、李、枣等具有合轴分枝的特性。

（三）叶的生长发育

叶是最重要的营养器官，绿色植物的光合作用几乎全靠叶的功能，叶由叶片、叶柄和托叶三部分构成。

1.叶幕的形成与叶面积指数

叶幕是指在树冠内集中分布并形成一定形状和体积的叶群体,叶幕形状有层形、篱形、开心形、半圆形等,果树常用树冠叶幕整体的光合效能来表示生产效能。对果树来讲,叶幕层次、厚薄、密度等直接影响树冠内光照及无效叶比例,从而制约着果实产量和品质。而落叶果树的叶幕在年周期中有明显的季节性变化,其受树种、品种、环境条件及栽培技术的影响,通常抽生长枝多的树种、品种、幼树、旺树,叶幕形成慢。

叶面积指数(LAI)是指果树的总叶面积与其所占土地面积的比值,即单位土地面积上的总叶面积。同单片叶子的生长过程类似,大田群体叶面积生长前期,新生叶多,衰老叶少。生长后期则相反,从而形成单峰生长曲线。叶面积指数大小及增长动态与果树种类、种植密度、栽培技术等有直接关系。LAI过高,叶片相互遮阴,植株下层叶片光照强度下降,光合产物积累减少;LAI过低,叶量不足,光合产物减少,产量也低。

2.叶的类型

果树的叶按产生先后顺序分为子叶和营养叶(真叶),子叶为原来胚的子叶,早期有贮藏养分的作用,营养叶主要进行光合作用。果树的叶还可分为单叶和复叶两种:每个叶柄上只有1个叶片的称为单叶,如苹果、葡萄、桃等;每个叶柄上有2个以上叶片的称为复叶,如枣、核桃、荔枝、草莓等。不同植物复叶类型各有不同,核桃、荔枝、阳桃为羽状复叶。

3.叶片的衰老与脱落

落叶果树在冬季严寒到来前,大部分氮素和一部分矿质营养元素从叶片转移到枝条或根系,使树体贮藏营养增加,以备翌春生长发育所需,而叶片则逐渐衰老脱落。落叶现象是由于离层的产生,离层常位于叶柄的基部,有时也发生于叶片的基部或叶柄的中段。叶片脱落留下的疤痕,称为叶痕。落叶果树叶片感受日照缩短、气温降低的外界信号后,叶柄基部产生离层。叶片正常衰老脱落,是植物对外界环境的一种适应性,对植物生长有利。常绿树的叶片不是一年脱落一次,而是2～6年或更长时间脱落、更新一次,有的脱落、更新是逐步交叉进行的。

果树常因病虫害以及环境条件恶化、栽培管理不当等,导致树体内部生长发育不协调而引起生理性早期落叶现象。一般果树生理性早期落叶多发生在两个时期:一是5月底至6月初,植株旺盛生长阶段因营养优先供应代谢旺盛的新梢茎尖、花芽和幼果的种子,造成叶片内营养过剩向外输送引起早期落叶。二是秋季采果后落叶,多发生在盛果年龄树上。早落叶会减少果树体内养分积累,影响翌年果树新生器官的生长发育。由于采后落叶多在树势较弱、结果量过多时发生,必须增强树势,培养一定数目的长枝,改善根系生长条件,同时注意合理负荷,分批分次采收,以缓和采收造成的衰老,减少或防止采后落叶发生。

(四)花的生长发育

果树生长到一定阶段,就在一定部位形成花芽,先后开花、结果、产生种子,花是形成果实、种子的前提,花和果实、种子都是重要的园艺产品。

花芽分化是指植物生长锥由分化叶芽的生理和组织状态转向分化花芽的生理和组织状态的过程,是植物由营养生长转向生殖生长的标志。花芽分化主要包括生理分化和形态分化两个阶段,在生理分化初期,植物内外环境条件,如温度和光周期、植物体内的碳氮比、内源激素等都影响花芽分化。

1.花的形态分化与发育

多年生木本果树花芽分化在达到一定树龄后才开始,对一朵花而言,一般经过花萼分化、花冠分化、雄蕊分化和雌蕊分化。花芽分化完成后,即进入花的发育期。

2.影响花芽分化的条件

(1)遗传特性。受自身遗传特性的制约,不同植物种类、同一种类的不同品种的花芽分化各有特点,如苹果、龙眼等较难形成花芽,在结果上易出现大小年;而葡萄、桃较易形成花芽。

(2)营养条件。充足的营养是花芽分化的基础,植株生长健壮、营养充足,形成花芽的数量就多,质量也好。果树生产上的"小老树"均因营养不足,分化的花芽数量少、质量差。

(3)温度、光、水分等环境因素。在适宜温度范围内,昼夜温差较大,花芽分化早、质量也好、光照条件好;叶片光合能力强,同化产物积累多,有利于花芽分化;水分条件适宜、植株生长健壮,花芽分化早且质量好。

3.果树花芽分化的调控

针对不同果树花芽分化的特点,采取相应的栽培技术措施,合理调控环境条件、植株营养条件及内源激素水平,协调其营养生长与生殖生长,从而达到调控花芽分化的目的。

(1)栽培技术措施。对多年生果树,要选用适宜砧木、适当控水和增施磷、钾肥,对幼树采取轻剪、长放、环剥、刻芽、拉枝等措施,可增加花芽分化的数量和质量;对生长过旺的树,在花诱导期间,喷施一定浓度的植物生长抑制物质,对大年果树采用疏花和疏果措施,均有利于提高花芽分化的数量和质量。

(2)环境调控措施。可运用光周期诱导理论,对长日照或短日照果树采取增补光或遮光措施,调节开花期。

(3)科学施用植物生长调节剂。一些果树喷施赤霉素能促进雄花分化,喷施乙烯利能促进雌花分化。

(五)开花坐果与果实发育

1.开花与授粉

当花中雄蕊的花粉粒和雌蕊中的胚囊(或二者之一)已经成熟,花被展至最大时,称为开花。从一朵花开放到最后一朵花开毕所经历的时间,称为开花期。开花期的长短因果树种类而异,也受气候和植株营养状况的影响。开花后,花粉从花药散落到雌蕊柱头上的过程,称为授粉。授粉的方式可分为自花授粉、异花授粉和常异花授粉。

2.受精与坐果

花粉粒落到柱头上,萌发形成花粉管并通过花柱到达胚囊,实现精卵结合的过程叫受精。不同植物实现这一过程的时间长短相差很大,受精快的植物,花粉寿命较短,授粉慢的植物则花粉寿命较长。例如枣的花粉只能存活1~2天,苹果7天左右。植物开花完成授粉受精后,由于花粉的刺激作用,受精子房可以连续不断地吸收外来同化产物,进行蛋白质的合成,加速细胞的分裂,开花后的幼果能正常发育而不脱落的现象,称为坐果。多数果树果实的形成需要授粉受精,受精后,随着胚的生长发育幼果迅速膨大并发育成熟。

一些果树的子房未经受精也能形成果实的现象,称为单性结实。单性结实又分为天然的单性结实和刺激性单性结实。香蕉、蜜柑、菠萝、柿、无花果等为天然单性结实;必须给予某种刺激才能产生无子果实的现象,称为刺激性单性结实。

3.果实的发育

果树开花完成授粉受精后,由于细胞的分裂与膨大,从幼小的子房到果实成熟,其体积增加了30万~300万倍。果实的生长过程表现为细胞数目的增加和细胞体积的膨大。当果实细胞数目一定时,果实的大小主要取决于细胞体积的增大,而细胞体积增大主要取决于碳水化合物含量的增长。因此,果实膨大期大量光合作用产物积累与水分的充足供应,对细胞体积的增大十分重要。

(1)果实的生长动态。开花后,果实的体积或鲜重在不断增加,整个果实的生长过程常用生长曲线表示。果实生长曲线是以果实的体积、直径、鲜重或干重为纵坐标,时间为横坐标绘制的曲线。植物种类不同,其果实生长的曲线也不同。果实生长曲线有两种类型,一类是单"S"形曲线,其果实早期生长缓慢,中期生长较快,后期生长又较慢,草莓、苹果、梨、香蕉、菠萝、甜橙等属于此类。另一类是双"S"形曲线,其生长过程分为三个阶段:第一阶段是开花后,果实即进入迅速生长期,此期主要是果实的内果皮体积迅速增大;第二阶段是生长中期,果实体积增长缓慢,主要是内果皮的木质化,也称为硬核期;第三阶段是果实再次迅速生长期,此期主要是中果皮的细胞体积增大,果实体积迅速膨大,大部分核果类及葡萄、橄榄等均属此类。单"S"形生长曲线与双"S"形生长曲线的主要区别在于:前者只有一个快速生长期,后者则有两个快速生长期;前者果实的生长特点可归结为慢—快—慢,后者果实生长特点可归结为快—慢—快。

在果实体积的增大过程中,一般发育初期,纵径的增长速度大于横径,然后才是横径的快速增长。因此,生产上果实发育前期环境条件适宜,然后不适宜,则易形成长形果;反之,则形成扁形果实。

（2）落花落果。从花蕾出现到果实成熟采收的整个过程中，会出现落花落果现象。落花不是指花瓣自然脱落的谢花，而是指未授粉受精的子房脱落。落果是指授粉受精后，一部分幼果因授粉受精及营养不良或其他原因而脱落的现象。有些品种在采收前也有落果现象。苹果、柑橘等的最终坐果率为8%～15%，桃和杏约10%，葡萄和枣只有2%～4%。

果树落花落果受其遗传特性、花芽发育状况、植株生长状况、授粉受精及花期气候条件等因素的影响。许多果树的落果持续时间长，落果的次数也多。仁果类和核果类一般发生四次落果高峰：第一次落果发生在开花后、子房尚未膨大时，以落蕾和落花为主，主要原因是花芽发育不良或开花前后环境条件恶劣（如干旱、低温、大风等），没有进行授粉或授粉不良而脱落。如果上年树体营养不好，落蕾和落花的机会就会增加；第二次落果发生在花后7～14天，不同果树均为带果柄的幼果脱落，主要原因是没有受精或受精不良；第三次落果，又称生理落果，大体发生在花后28～42天，在果树上称为6月落果，落果的主要原因是营养不良，如氮素供应不足、营养生长过旺或过弱，幼果得不到大量营养，使幼胚发育停止，造成幼果萎缩脱落；第四次落果，指采前落果，多发生在采前20～30天，主要由自然灾害（风、雹、高温、低温、干旱等）或栽培管理不当造成。

（3）果实的成熟。当果实长到一定大小时，果肉中贮存的有机养料发生一系列的生理变化，逐渐进入成熟阶段，不同果树果实成熟的特征与表现不同。果树的成熟果实酸度下降，涩味消失，果实变甜，果肉变软，果皮中绿色逐渐消退，出现品种固有的色泽（红、橙、黄等）。

根据不同的用途，果实的成熟度分为三种：可采成熟度、食用成熟度和生理成熟度。可采成熟度指果实大小已定型，但外观品质和风味品质尚未表现出来，肉质硬，需贮运和罐藏、蜜饯加工的果实此时采收；达到食用成熟度时，果实充分表现出其应有的色、香、味和营养品质，此时采收果实品质最佳，适于当地鲜食或制作果汁、果酒、果酱等；达到生理成熟度时，水果类果实果肉松绵，风味淡薄，不宜食用；而核桃、板栗等干果粒大、饱满，营养价值高，品质最佳。[①]

①李会平，苏筱雨，王晓红. 果树栽培与病虫害防治[M]. 北京：北京理工大学出版社，2013.

二、果树的生命周期

随着季节、昼夜的周期性变化,果树的生长发育也发生着节奏性的变化,这就是果树生长发育的周期性。果树从生到死生长发育的全过程称为生命周期,果树中有两种不同的生命周期:实生果树的生命周期和营养繁殖果树的生命周期。

(一)实生果树的生命周期

实生果树就是用种子繁殖的果树,在有性繁殖情况下,实生果树的生命周期可分为童期(幼年阶段)和成年期两个阶段。

1.童期

童期指从种子播种后萌发开始,到实生苗具有分化花芽潜力和开花结实能力为止所经历的时间,是有性繁殖的果树必须经过的个体发育阶段。处于此期的果树,主要是营养生长,其特点是根系和树冠生长迅速、光合和吸收面积迅速扩大、光合产物集中用于根和枝梢的生长。童期的后期可形成少量花芽,但也多发生落花落果。童期长短因树种而异,枣、葡萄、桃、杏等童期较短,一般为2~4年;山核桃、荔枝、银杏等的童期则需9~10年或更长时间。

2.成年期

从植株具有稳定持续开花结果能力时起,到开始出现衰老特征时结束为成年期。此期一般连续多年自然开花结果,成年期果树应加强肥水管理,合理修剪,适当疏花疏果,最大限度地延长盛果期年限,延缓树体衰老,实现丰产优质。

(二)营养繁殖果树的生命周期

营养繁殖果树即用扦插、压条、分株、嫁接等方法繁殖的果树。其繁殖材料和接穗取自成年阶段的优良母树,是母树枝芽发育的继续,已经度过了幼年阶段。它们已具备了开花能力,只要条件适当,便能开花结果。在实际生产中通常按果树生长和结果的明显转变,而划分为五个阶段:生长期、结果初期、结果盛期、结果后期和衰老期。

1.生长期

生长期一般来讲是指从苗木定植到首次开花结果为止的这一段时

期,该期特点:只进行营养生长,树体迅速扩大,开始形成骨架;新梢生长量大,节间较长,叶片较大,一年之中有二次或多次生长,组织不够充实并因此而影响越冬能力;在幼树期根系生长均快于地上部分,即T/R值小。此期采取的技术措施:深翻扩穴,增施肥水,培养强大根系,轻修剪多留枝,适当使用生长调节剂等。

2.结果初期

结果初期是指从第一次结果到有一定经济产量为止,该期特点:生长旺盛,离心生长强大,分枝大量增加并继续形成骨架;根系继续扩展,须根大量发生;由营养生长占绝对优势向生殖生长调节,保持新梢生长、根系生长、结果和花芽分化的平衡。产量逐年上升,无大小年现象。此期采取的技术措施:应加强肥水的供应,实行细致的更新修剪,均衡分配营养枝、结果枝和育花枝,做到尽量维持较大的叶面积,控制适宜的结果量。

3.结果盛期

结果盛期是指从有经济产量起,经过高产稳产期,到产量开始连续下降的初期止。该期特点:此期出现大小年之分的情况较为频繁,高产稳产的能力有所下降;新梢生长量明显有所减少;果实的品质、形状、大小、色泽、含水量有所下降,而含糖量有所上升,体内的贮藏物质有所降低;虽可以萌发形成新梢枝,但形成量较少。此期采取的技术措施:大年要注意疏花疏果,配合深翻改土,增施水肥,适当利用重剪更新枝条;小年促进新梢生长和控制花芽形成量,从而平衡树势。

4.结果后期

结果后期是指从产量明显下降到无经济效益为止,该期特点:产量明显下降,地上地下分枝太多,根叶距离相应拉长,输导组织衰老,末端枝条和根系大量死亡。根的生长也因土壤肥力降低和自身积累有毒物质而削弱,以致衰老枯死,根系缩小。果实基本没有什么品质可谈,骨干根生长逐步衰退,并逐步走向死亡,根系的分布范围逐渐缩小。此期采取的技术措施:以大年疏花疏果为重点,配合深翻改土,增施肥水和更新根系,适当重剪回缩和利用更新枝条,来复壮树势。小年促进新梢生长和控制花芽形成量。

5.衰老期

从无经济产量到树体最终死亡为衰老期,该期特点:骨干枝和根大量死亡。更新复壮可能性较小,生产上计算果树寿命并不采用自然寿命,而是根据其经济效益状况,提前砍伐,需要重新建园。

(三)年生长周期

年生长周期是指每年随着气候变化,果树的生长发育表现出与外界环境因子相适应的形态和生理变化,并呈现出一定的规律性。在年生长周期中,这种与季节性气候变化相适应的果树器官的形态变化时期称为物候期。不同果树种类、不同品种物候期有明显的差异。环境条件、栽培技术也会改变或影响物候期。生产上常以此来调节、控制植物生长发育,使其向着人们期望的方向发展。

年生长周期变化在落叶果树中有明显的生长期和休眠期之分;常绿果树在年生长周期中无明显的休眠期。

1.生长期

是指植物各部分器官表现出显著形态特征和生理功能的时期,落叶果树生长期自春季萌芽开始,至秋季落叶为止。主要包括萌芽、营养生长、开花坐果、果实发育和成熟、花芽分化和落叶等物候期。而常绿树木开花、营养生长、花芽分化及果实发育可同时进行,老叶的脱落又多发生在新叶展开之后,1年内可多次萌发新梢。有些树木可多次花芽分化,多次开花结果,其物候期更为错综复杂。尽管如此,同一植物年生长周期顺序是基本不变的,各物候期出现的早晚则受气候条件影响而变化,其中温度影响最大。

2.休眠期

是指植物的芽、种子或其他器官生命活动微弱、生长发育表现停滞的时期。植物的休眠器官主要是种子和芽,如苹果、桃、板栗等的种子须经低温层积处理,减少种皮及胚乳中抑制发芽物质后才能发芽;而芽的休眠则包括落叶果树越冬时的休眠。

(1)落叶果树的休眠。落叶果树的休眠期通常指秋季落叶后至翌年春季萌芽前的一段时期,休眠期长短因树种、品种、原产地环境及当地自然气候条件等而异。一般原产寒带的植物,休眠期长,要求温度也较低。当地气候条件中,尤以温度高低影响最大,直接左右休眠期的长短。通常温度越高,休眠时间越短;温度越低,休眠时间越长。落叶果树所需要的低温一般为0.6~4.4℃。

（2）常绿果树的休眠。常绿果树一般无明显的自然休眠,但外界环境变化时也可导致其短暂的休眠,如低温、高温、干旱等使树体进入被迫休眠状态。一旦不良环境解除,即可迅速恢复生长。

（四）昼夜生长周期

所有的活跃生长着的植物器官在生长速率上都具有生长的昼夜周期性,影响果树昼夜生长的因子主要有温度、植物体内水分状况和光照。其中,植物生长速率和湿度关系最密切。在水分供应正常的前提下,果树地上部在温暖白天的生长较黑夜快,1天的生长速率有两个高峰,通常一个在午前,另一个在傍晚。与此相反,根系夜间地上部营养物质向地下运送较多,而且夜间土壤、水分和湿度变化较小,利于根系的吸收、合成,因此生长量与发根量都多于白天。果实生长昼夜变化主要遵循昼缩夜胀的变化规律。其中光合产物在果实内的积累主要是在前半夜,后半夜果实的增大主要是靠吸水。

三、器官生长发育的相关性

生长相关性是指同一果树的一部分或一种发育类型与另一部分成为一种发育类型的关系。果树的生长发育具有整体性和连贯性,其连贯性表现为各种果树的生长过程中,前一个生长期为后一个生长期打基础,后一个生长期是前一个生长期的继续和发展;其整体性主要表现在生长发育过程中各个器官的生长是密切相关、互相影响的,这种关系主要包括地上部与地下部的生长相关、营养生长与生殖生长的相关以及同化器官与贮藏器官的生长相关。

（一）地上部与地下部的生长相关性

地上部与地下部的生长相关性,首先表现在生长的相互依赖和相互促进作用。一方面,根吸收水分、矿质元素等,经根系运至地上部,供茎、叶、梢等新生器官的建造和光合、蒸腾作用的需要,促进芽的分化和茎的生长。另一方面,地上部叶片光合作用形成的同化产物、茎尖合成的生长素通过茎也被运往根系,为根系的生长和吸收功能的发挥提供了结构、能量和激素物质,即地上部只有在地下部提供充足营养和水分的同时,才能生长良好;同样,地下部的良好生长也必须依靠地上部营养物质的供给。但是,由于地上部和地下部要求的生长条件并不完全相同,当某些条件发生变化时,会使地上部和地下部的统一关系遭到破坏,而表现出生长的不均衡。如在土壤、水分较少时,根系得到了优先生长,地上部的生长受到限制。反之,当土壤、水分充足时,地上部可得到充足水分而生长加快,并且消耗大量碳水化合物,供给根系的营养就会减少,限制了根系的生长。磷肥对地上部的促进作用大于根部,能增加根的含糖量,促进根系的生长;强光条件有利于促进光合作用,抑制茎的伸长,根系发育也好。强大的根系是地上部旺盛生长的前提。

（二）营养生长与生殖生长的相关性

营养生长是生殖生长的基础,没有良好的营养生长,就没有良好的生殖生长,这是二者协调统一的一面。但是,营养生长和生殖生长所需要的物质基础都是根系吸收的水分、矿质营养和叶制造的光合产物,因此,营养生长和生殖生长存在抑制、竞争关系。这种抑制和竞争关系表现为茎叶的生长与花芽分化、果实发育的营养竞争。当营养生长过旺时,植株生长表现为"疯长",造成花芽分化数量少、花芽分化质量差、落花落果严重。当生殖生长过旺时,植株矮小,叶片数少,叶面积小,新生枝条抽生少,生长量小。多年生果树生殖生长过旺时,严重抑制了营养生长,造成树体营养差,没有足够营养进行花芽分化,最终又限制了翌年的生殖生长,不但影响当年果实大小,还影响到翌年花芽的数量和质量。所以,在生产中,采取措施使营养生长与生殖生长相互协调,是获得高产和优质的关键。

（三）同化器官与营养贮藏器官的生长相关性

果树的同化器官主要为叶片,而贮藏器官则有多种类型。有的以果实和种子为贮藏器官;有的以地下部根和茎为贮藏器官。以果实和种子为贮藏器官的,其同化器官与贮藏器官的相关,实际上是营养生长与生殖生长的矛盾。

四、果树与环境条件

在果树生产中,要取得最佳的生产效果,一方面应选用具有优良遗传性状的果树品种,另一方面通过采用先进的栽培技术、栽培设施,为果树的生长创造最佳的环境条件,而要创造最佳的生长发育条件,就必须了解果树生长的环境条件以及果树的要求。随着绿色食品生产的发展,还必须重视环境污染对果树生产的影响。果树生长的主要环境条件包括温度、光照、水分、土壤、空气等。

(一)温度

温度是影响果树生存的主要生态因子之一,温度对果树的生长发育以及其他生理活动具有明显的影响。果树由于长期生活在温度的某种周期性变化之中,形成了对周期性温度变化的适应性。如果某棵果树可以在某一地区生长和延续,那么其生活史必然能适应该地区气候条件的周期性进程;否则,它必然会由于不能适应该地区的气候条件而绝迹。因此,温度影响着果树的地理分布,其中主要是年平均温度。

1.果树不同生长发育时期对温度的要求

多年生落叶果树,在年生长周期中对温度的要求与季节温周期相适应,即春季发芽期要求的温度稍低,夏季旺盛生长期要求的温度较高,秋季果实成熟时要求的温度又降低。

2.果树的温周期

对果树而言,昼夜温差对果实的品质有着明显的影响。昼夜温差大,糖分积累水平高,果实风味浓。

3.高温及低温障碍

果树的生长与发育,都有其最适宜的温度范围。但在自然状态下,温度的变化是很大的。温度过高或过低都会造成植株的各种生理障碍,不仅造成减产或无收成,还会造成果树的死亡。

当果树所处的环境温度超过其正常生长发育温度的上限时,引起蒸腾作用加剧、水分平衡失调、植株发生萎蔫。同时,果树光合作用下降而呼吸作用增强,同化产物积累减少。土壤高温主要引起根系木栓化速度加快,降低根系吸收功能,加速根的老化死亡。此外,由于高温妨碍了花粉的发芽与花粉管的伸长,常导致落花落果。落叶果树于秋冬温度过高时则不能进入休眠或不按时结束休眠期。生产上,通过选用耐热品种、间套作栽培、遮阳覆盖、改变灌水时间等措施,克服高温障碍。

低温对果树的影响主要是冻害。冻害是指0℃以下低温引起植物体内细胞结冰产生的伤害。生产上通过采用抗寒品种、选用抗寒砧木嫁接栽培、果树秋季控施氮肥、在胚芽及幼苗期进行低温锻炼、采用保护地栽培等措施,克服低温障碍。

由低温造成的伤害,其外因主要是温度降低的程度、持续的时间、低温来临的时间和解冻的速度;内因主要是果树的种类、品种及其抗寒能力,此外还与地势和植物本身的营养状况有关,低温伤害对各个器官危害的临界温度也不相同(表1-1)。

表1-1　果树各部分对低温伤害的临界温度

种类	受害部位及临界温度
苹果、梨	萌动芽-8℃、受冻花(中心花和雌蕊)-8.4～-4.5℃、幼果-2.5～-1.7℃、树体-4.1℃
桃	枝条(木质部受冻)-6.0℃
葡萄	叶片-1℃、花序0℃、果实-5～-3℃

造成低温伤害的气象因素,可概括为春季气温回升变幅大;秋季多雨低温,光照少;晚秋寒潮侵袭早;冬季低温持续时间长。温度剧烈变化对植物的危害尤为严重,尤其是在生长发育的关键时期。降温越快越严重。春季乍暖还寒,植物受害重。当受低温危害后,温度急剧回升要比缓慢回升受害更重,特别是受害后太阳直射,使细胞间隙内冰晶迅速融化,导致原生质破裂失水而死。

(二)水分

水是植物生存的重要因子,是组成植物体的重要成分,是光合作用的原料,是植物体内各种物质进行运输的载体。植物体内的生理活动,只有在水的参与下才能正常进行。果树枝叶和根部的水分含量约占50%。

水含量的多少与其生命活动强弱常有平行的关系,在一定的范围内,组织的代谢强度与其含水量呈正相关。

1.果树对水分的需求

果树在系统发育中形成了对水分不同要求的各种生态类型,因而它们能够在以后的栽培生产中,表现出适应一定的降水条件并要求不同的供水量。

果树对干旱有多种适应方式。主要表现在两个方面:一种是本身需水少,具有旱生形态性状,如叶片小、全缘,角质层厚,气孔少而下陷,并有较高的渗透势,如石榴、扁桃、无花果等;另一种是具有强大的根系,能吸收较多的水分供给地上部,如葡萄、杏、荔枝、龙眼等。

果树按抗旱力可分为三类:①抗旱力强:桃、扁桃、杏、石榴、枣、无花果、核桃。②抗旱力中等:苹果、梨、柿、樱桃、李、梅、柑橘。③抗旱力弱:香蕉、枇杷、杨梅。

果树能适应土壤水分过多的能力称为抗涝性。各种植物的抗涝性不同,在果树中结果树以椰子、荔枝等较耐涝,落叶果树以枣、梨、葡萄、柿较耐涝,在积水中一个月不见死亡。最不耐涝的是桃、无花果和菠萝,柑橘耐涝力中等,仁果类树种耐涝力较强。

2.果树不同生育时期对水分的要求

在果树中,通常落叶果树在春季萌芽前,树体需要一定的水分才能发芽,如果冬季干旱则需要在春初补足水分。在此期间如果水分不足,常延迟萌芽期或萌芽不整齐,影响新梢的生长。新梢生长期温度急剧上升,枝叶生长迅速、旺盛,需水量最多,对缺水反应最敏感,因此,称此期为需水临界期。如果此期供水不足,则削弱生长,甚至过早停止生长。春梢过短、秋梢过长是由于前期缺水、后期水多所造成的,这种枝条往往生长不充实,越冬性差。花芽分化期需水量相对较少,如果水分过多则分化减少。落叶果树花芽分化期在北方正要进入雨季时,如果雨季推迟,则可促使花芽提早分化。

3.影响水分吸收的因素

影响水分吸收的主要因素是温度,特别是土温,土壤温度低,会降低根系的吸水能力。这是因为在低温条件下,根系中细胞的原生质黏性增大,使水分子不容易透过原生质,减少了吸水量。同时,也会降低土壤中水分自身的流动性,造成水分子在土壤中扩散减慢。低温还会抑制根系的呼吸作用,减少能量供应,从而抑制了根系的主动吸水过程。土壤通气不良、土壤空气成分中二氧化碳含量增加、氧气不足以及土壤中溶液浓度过大等因素都会影响根系对水分的吸收。

果树的水分是靠根系从土壤中吸收进来的,虽然有些果树地上器官可以吸收水分,但毕竟只是少量,而大量水分的吸收依靠根系从土壤中获得。田间持水量也影响根系生长,一般土壤水分保持田间持水量的60%～80%时,根系可以正常生长。

4.土壤、水分丰缺对果树的影响

果树缺水时常出现叶片萎蔫现象,夏季中午由于强光、高温,叶面蒸腾量剧增,一时根系吸水不能加以补偿,叶片临时出现萎蔫,但到下午随着蒸腾量减小或者灌溉,当根系满足叶片的需求,植株即可恢复正常,这种现象叫作暂时性萎蔫。它是植物经常发生的适应现象。如果植物萎蔫之后,虽然降低蒸腾仍不能恢复正常,即使灌溉也不能完全恢复正常,这种情况是永久性萎蔫,它带给果树的是严重危害。

如果土壤水分过多,土壤的气相完全被液相所取代,使植物生长在缺氧的环境里,这时果树生长矮小,叶黄化,根尖受害,叶柄偏向上生长,还会使果树的有氧呼吸受到抑制,促进了果树的无氧呼吸;根际的二氧化碳浓度和还原性有毒物质浓度升高,降低根对离子吸收的活力。

(三)光照条件

光是绿色植物生长的必需条件之一。不同果树种类对光照的要求程度不同,大多数果树只有在充足的光照条件下才能枝繁叶茂,光照过多或不足都会影响植物正常的生长发育,进而造成病态。通过改进栽培技术改善果树对阳光的利用以及利用人工光照栽培,以满足果树对光的要求。提高光能利用率,是果树栽培的重要目的。一般说来,光照强度、光照时数(光周期)、光质(光的组成)等直接影响果树的生长发育、产量和品质的形成。

1.果树对光照的要求

在落叶果树中,以桃、扁桃、杏、枣最喜光;葡萄、柿、板栗次之;核桃、山核桃、山杏、猕猴桃较能耐阴。常绿果树种以椰子、香蕉较喜光,荔枝、龙眼次之,杨梅、柑橘、枇杷较耐阴。

在果树栽培中有时光照过强会引起日灼,在大陆性气候、沙地和昼夜温差剧变等情况下更容易发生。叶和枝经强光照射后,叶片可提高5℃～10℃,树皮提高10℃～15℃。果树的日灼因发生时期不同,可分为冬春日灼和夏秋日灼两种。冬春日灼多发生在寒冷地区的果树主干和大枝上,常发生在西南方向,由于冬春季节白天太阳照射枝干使温度升高,冻结的细胞解冻;而夜间温度又忽然下降,细胞又冻结。冻融交替使皮层细胞受破坏。开始受害时多是枝条的阳面,树皮变色,横裂成块斑状;危害严重时,韧皮部与木质部脱离;急剧受害时,树皮凹陷,日灼部位逐渐干枯、裂开或脱落,枝条死亡。苹果、梨、桃等树种都易发生日灼,但品种间有较大差异。夏秋日灼与干旱和高温有关。由于温度高,水分不足,蒸腾作用减弱,树体温度难以调节,造成枝干的皮层或果实的表面局部温度过高而烧伤,严重者引起局部组织死亡。夏秋日灼在桃的枝干上发生时常出现横裂,破坏表皮,降低了枝条的负重量,易引起裂枝;在苹果、梨等枝上发生时,轻者树皮变褐色,表皮脱落;重者变黑如烧焦状,干枯开裂。沙滩地果园的苹果、梨和新栽的幼树,常出现靠近地表的根颈部分发生日灼,甚至死亡。果实的日灼主要发生在向阳面叶片较少的树冠外围,先在果面出现斑块,呈水烫状,而后逐渐扩大干枯,甚至裂果。例如:葡萄、苹果、柑橘、菠萝等。

果树光照不足时,明显抑制根系的生长和花芽形成,导致植物地上部枝条成熟不好,不能顺利越冬休眠;根系浅,抗寒和抗旱能力降低;有时光照不足也会引起果实发育中途停止,造成落果。此外,光对果实品质也有着重要的作用,光合作用不但形成碳水化合物,而且直接刺激、诱导花青素的形成。在光照强和低温条件下,花青素形成得多;而黄色果实的品种其胡萝卜素在黑暗中形成,光照对其着色影响不大。研究发现,光照在全日照的70%以上时苹果着色最好,40%～70%时能有一定着色,

40%以下不着色。果实的大小和重量也受光照影响,50%光照时果实重量小。用透光率不同的纸袋套在苹果果实上,可以发现随着日光透过率的提高,果实着色的百分比也提高。在果实成熟前6周,日光直射量与红色的发育程度相关。在雨后,果实着色少、着色快。在果实的风味方面,光照好则糖分积累多,近成熟期阴雨则糖含量下降。干旱、晴天葡萄的酒石酸含量下降。果皮部的维生素含量比果心部的含量高,受光良好的果实和同一果实受光良好的部位含维生素C多。光也影响类胡萝卜素的合成,受光良好的含量多。因此使树冠透光良好,也有利于果实维生素含量的提高。

2.果树对光质的反应

长光波下,果树的节间较长,茎较细;短光波下,果树的节间短,茎较粗。红光能加速长日照果树的发育,紫光能加速短日照果树的发育;红光利于果实着色,紫外光有利于维生素C合成。

(四)土壤与营养条件

土壤是果树栽培的基础,果树的生长发育要从土壤中吸收水分和营养元素,以保证其正常的生理活动。良好的土壤结构才能满足果树对水、肥、气、热的要求,是生产高产优质的果品的物质基础。土壤按质地划分,可分为沙质土、壤质土、黏质土等。

通常按土壤中有机质及矿质营养元素含量的多少来衡量土壤肥力的高低。土壤有机质含量高,氮、磷、钾、钙、铁、锰、硼、锌等矿质营养元素种类齐全、相互平衡且有效性高,是果树正常生长发育、高产稳产、优质所应具备的营养条件。有机质含量在2%以上,才能满足种植果树的要求。化肥用量过多,忽视有机肥施用,会造成土壤肥力下降。改善土壤条件,提高矿质营养元素的有效性及维持营养元素间的平衡,特别是尽力增加土壤中有机质的含量,是栽培中应常抓不懈的措施。

土壤酸碱度也是影响土壤养分有效性及果树生理代谢水平的重要因素,不同果树对酸碱度要求也不同,不同土壤的酸碱度影响着矿质元素的有效性,从而影响了根系对矿质元素的吸收。酸性土有利于对硝态氮的吸收,而中性土、微碱性土有利于对氨态氮的吸收,硝化细菌在pH值为6.5时发育最好,而固氮菌在pH值为7.5时最好。在碱性土壤中有些果树易发生失绿症,因为钙中和了根分泌物而妨碍对铁的吸收。根据这些特性表现,在生产上应采取相应的改土措施,以利增产。

(五)空气

影响果树生长发育的气体条件主要有氧气、二氧化碳及一些危害果树生长的有害气体。在露地生产的条件下,气体的影响相对较小。而对于设施栽培的果树,尤其应注意二氧化碳和有害气体的调节。

五、果树大小年结果产生的原因及对策

果树一年结果多,一年结果少,甚至不结果,这种现象在苹果、梨等一些果树上表现尤为明显,人们把这种现象叫作果树的大小年。

大小年结果是盛果期果园的一种普遍现象。果树的大小年,不但造成产量下降、果实品质变劣,降低了商品价值,而且容易导致树势衰弱,从而加重树体病虫害的发生,丰产年限缩短,使果农遭受很大的经济损失,不利于市场的均衡供应。因此,改善大小年结果是成龄果园管理的重大课题。

(一)果树大小年结果的产生原因

大小年结果现象从本质上讲,是叶片制造的有机营养物质的生产和分配与花、果、根和花芽等器官建造的需要之间,在数量和时间上不协调的结果。

1.营养的竞争

营养竞争是造成大小年结果最普遍和最重要的原因。在大年结果多的年份,营养物质不断地运往果实,使树体其他器官,特别是枝条的顶芽得到养分大量减少,致使当年无力形成花芽,所以在大年之后则为小年;而小年花果少,树体内营养物质积累增多,为花芽分化创造了良好的条件,故翌年产量急剧上升,即为大年。如此反复,形成循环。

2.栽培技术不合理

不合理的栽培技术主要表现在地下管理粗放,根系发育不良,树势极度衰弱。病虫防治不及时,叶片严重损伤,甚至早期大量落叶,使当

年不能制造、积累足够有机营养,导致果树花芽分化不良。修剪上,长期轻剪缓放,不剪留一定比例的预备枝,当花量大、结果多、树体超载时,又不采取措施合理调整,造成翌年大量减产,导致大小年出现和周期性循环。另外,疏花疏果和保花保果措施不到位也是大小年产生的原因。

3.不良自然条件

恶劣的自然条件如雨涝、干旱、寒冷、晚霜、冰雹等,也是导致大小年的起因。花期、花芽分化期阴雨过多,坐果期干旱,均能引起大小年。有些年份,正常结果树因晚霜使花或幼果受害而大量脱落减产,从而有利于树体营养积累,花芽大量形成,翌年产量骤增引起大小年。

4.品种的影响

同一种果树不同品种大小年结果的表现也各异,容易形成花芽,坐果率高的品种较易形成大小年;而花芽形成率一般,坐果率不很高的品种则不易形成大小年。果实成熟期的早晚和果树的年龄,与大小年发生程度的轻重有一定关系,一般是晚熟品种比早熟品种、中熟品种重,成龄树和衰老树比幼树重。

5.植物激素的影响

大年所形成花芽少,除养分积累不足外,还与果实种子中形成的大量赤霉素抑制了花芽分化有关。大年结果多,树上的种子总数相应增加,种胚内赤霉素大量合成,因其能诱导 α-淀粉酶的产生,使淀粉水解并促进新梢生长、抑制花芽形成,使来年变为小年。植株体内的乙烯利、生长素、激动素、脱落酸等内源激素共同控制着植物的营养生长和生殖生长。它们之间的平衡关系影响到花芽分化、坐果和果实的发育,对形成大小年也有较大的作用。

(二)果树大小年结果的改善措施

夺取结果期果树连年丰产、避免大小年结果现象的出现,则应根据出现大小年的不同原因,在加强综合管理的基础上,采取不同对策,逐步加以调整、改善。

1.大年树的管理措施

要改善已经出现的大小年结果现象,通常从大年入手,较为易行,也容易收到成效。大年树的主要特点是结果过多,影响当年花芽分化,造成翌年结果较少。因此,大年树管理的主要目标是合理调整果树负载量,做到"大年"不"大",并促使果树形成足量花芽,提高下年产量。主要措施有以下几点:

(1)加强综合管理。重点要加强肥水管理,及时补充树体营养。在花前和果实膨大前期,多施尿素、硫酸铵和硫酸氢铵等速效肥,促进枝叶生长,以生产更多的光合产物,保证果实生长所需营养,防止树体营养消耗过度而在翌年变成小年。果实采收后至落叶前,一般应及早施用基肥,沿树冠周围开沟施农家肥150kg,磷肥2kg,有利于翌年开花结果,促进花芽分化,同时对提高开花质量和坐果率、促进枝条健壮生长、果实膨大和提高产量均有一定作用。所以说,果树早施基肥有利于改善果树大小年结果。另外,加强病虫害防治也是防止大小年现象发生的重要措施。

(2)适当重剪。通过修剪来控制或调节花量,达到合理的叶果比例,使树体的营养积累和果实消耗达到相对平衡,从而减轻大小年现象。大年花多,修剪的原则是在保证当年产量的前提下,冬季应进行适当重剪,减少花芽留量,使生长、结果达到平衡。大年多短截中长果枝,留足预备枝,回缩多年生枝组,适当重缩串花枝,处理拥挤过密且影响光照的大枝,改善光照,提高花芽质量。

(3)科学疏花疏果。科学疏花疏果能调整叶果比,平衡营养生长与生殖生长,使树体合理负载,增加养分积累,对改善大小年有显著作用。还能增大果个,改善品质,防止树体早衰。所以在当前,该技术是控制负载和防止大小年现象发生的最有效办法。疏花疏果的原则是先疏花枝,后疏花蕾,再疏果和定果。壮树强枝适当多留,弱树弱枝适当少留。疏花枝结合冬剪和春季复剪进行,疏花蕾从花序伸长到开花前均可进行,但以花序伸长至分离期为最佳。疏果宜从谢花后第2~4周完成,越早越好。疏花疏果时根据不同的树势和树体大小确定合理的果实留量,是取得预期效果的关键所在。可采用干周法、枝果比、距离法等方法来确定留果量。

（4）加强自然灾害防治。大年有时也会由于不良气候及病虫危害造成大幅度减产，不仅影响当年收益，也会引起以后出现幅度更大的大小年结果。因此，大年也要做好病虫及灾害防治和保花保果工作，确保当年达到计划产量。

（5）应用生长调节剂。在大年的春季，可每隔7~10天用0.1%~0.3%的多效唑、0.2%~0.4%的矮壮素水溶液进行叶面喷雾，连喷2次，促进花芽分化，增加小年的花果量。

2.小年树的管理措施

小年花少，管理的主要目标是保花保果，使"小年"不"小"，并使当年不形成过量花芽，防止翌年出现大年。主要措施如下：

（1）合理肥水。小年树必须重点加强前期肥水管理，铲草松土，增施氮磷钾复合肥，防止因肥料不足而落花落果，促使养分集中运转到花果中去。春季特别是萌芽期前后及花期的肥水管理，不仅可以促进树体生长发育，增强同化能力，增加前期营养，提高坐果率，还会由于新梢生长健旺，相对减少花芽形成量。因此，萌芽前、开花前和开花后1周可追施1次速效氮肥，以尿素为例，施肥量1~1.5kg/株。花期喷0.3%尿素，花后喷10%~3%的过磷酸钙浸出液，以促进生长。小年树适时、适量供水也是很重要的措施，可于花芽分化期前后，适当灌溉增加土壤湿度。在一定程度上也减少花芽形成，避免翌年出现过大的大年。

（2）适当轻剪。为了尽量保存花芽，提高坐果率和当年产量，冬剪时，应适当轻剪，即少疏枝，少短截，不进行树体结构的大调整和更新，尽量保留花芽，待花前复剪时再根据具体情况进行截、疏或缩的调整。暂时可以不去的大枝尽量不去，留待大年处理，以免剪去过多花芽。在结果少的小年，于夏季对一部分新梢进行中短截。促发二次枝，冬剪时多缓放，促使翌年多形成花芽，以补充小年结果量。

（3）保花保果。苹果树绝大部分品种自花不实或结实率极低，认真做好保花保果措施，是保证丰产、稳产、优质的关键。花期可放蜂、人工授粉和喷施0.1%~0.25%的硼砂或硼酸溶液,以促进授粉和幼果发育。同时,对于生长过旺的新梢及果台副梢要及时摘心、扭梢、抹芽,控制其生长,减少争水、争肥矛盾,将有利于小年树增加坐果率。

(4)避免不良条件危害。小年树更应抓紧做好灾害预防及病虫害防治工作。特别是大年后,树体衰弱,腐烂病大量发生,除大年秋冬加强检查防治外,小年春季也要及时刮治。并要做好防冻、防冰雹、抗旱等抗自然灾害工作,确保小年丰收。

(5)应用植物生长调节剂。果树盛产后,可在小年花芽分化的临界期及前半个月,用100~150mg/kg赤霉素进行叶面喷施1次,能抑制花芽分化,防止翌年(大年)开花过多。

总之,在预防自然灾害的前提下,加强肥水管理,提高光合产量,再针对不同品种采取措施,防止结果过量,经过3~5年的精心调整,就可以减轻乃至改善大小年结果现象,恢复正常结果。

第二章 果树园艺植物的苗木培育与果园建立

果树苗木培育和建园是发展果树生产的基本条件,为避免从外地引进的苗木不适应当地自然条件,在发展水果生产时,应根据当地自然条件,采用自繁、自育、自种的原则进行果树苗木的繁殖。果树苗木繁殖可采用有性繁殖法,即实生繁殖;无性繁殖法,即自根繁殖(扦插、压条和分株)和嫁接繁殖。

果园,即通常生产上的种植果树的园地和果树苗圃。果树种类繁多,其个体大小差别也很大,建园时一定要考虑不同果树的具体特点,设计出合理的建园方案。果树是多年生作物,建园之后往往要连续进行生产十几年甚至几十年,因此果树建园犹如建大楼下地基一样,必须认真分析和研究本地区的具体情况,找出利弊因素,进而扬长避短,充分发挥自身优势,以争取最大经济效益、社会效益和生态效益。

第一节 果树园艺植物的苗木培育

一、苗圃建立

建立苗圃是为了采用当今前沿的科学技术,在比较短的时间内,以不高的成本,依据市场的需求,培育一定数量能适应当地自然条件的丰产优质苗木。为了保证果树苗木的数量和质量,应该不断改进育苗技术,提高管理水平,努力做到经济有效地繁殖苗木。

（一）苗圃选择

1.苗圃的位置

苗圃要设在造林地的附近或其中心地区,这样能减少因苗木运输使苗木失水过多而降低苗木质量现象的发生,因为苗圃地的环境条件与造林地基本一致,造林后苗木成活率高;苗圃地要尽量设在交通比较方便的地方,这样有利于生活用品、育苗生产资料和苗木的运输;苗圃要选择离居民点比较近的地方,便于招用季节工人和解决住房问题。

2.土壤

种子发芽,插穗生根,根系生长和苗木生长所需的水分、养分和氧气等都来自土壤,因此土壤条件的好坏对种子发芽、插穗生根、根系生长和苗木生长都有影响。所以说,土壤条件是影响苗木质量和产量的重要因素之一。为了提高苗木的质量和产量,必须有适宜的土壤条件。适宜的土壤条件,主要表现在养分、水分、通气和热量状况上。

（1）土壤肥力。要选用石砂少的、土层深厚的、土壤肥力较好的土地作为苗圃,因为土壤的肥力直接影响到苗木的营养条件,营养条件的优劣对苗木的生长影响很大。

（2）土壤的结构和质地。土壤结构:有团粒结构的土壤,水分、养分、空气和热量条件都较好。因土壤疏松、根系生长的阻力小;利于土壤微生物的活动;渗水均匀,地表径流少。土壤质地:①沙质壤土:沙质壤土的结构疏松,透水性能好;地表径流少,水分条件适宜,通气性好;土温较高,利于土壤微生物的活动,养分供应及时,保肥力较好;根系生长阻力小,利于根系呼吸,起苗伤根少。但一般沙质壤土中的腐殖质含量较少,营养元素也较少。②轻壤土和壤土:它们没有沙土和黏土的恶劣特性,具有良好的水分、养分、气热条件和良好的耕作性能。喜肥树种,适宜于轻壤土和壤土育苗。③黏土:黏土虽然比较肥沃,但因土壤结构紧密,通气性和透水性能差;温度低,土壤中的水分与空气经常处于矛盾状态,平时地表板结而龟裂,灌溉或雨后泥泞数日不便工作。在黏土上播种育苗,幼苗出土困难,故场圃发芽率较低。根系生长阻力大,又不利于根系呼吸。由于排水不良,尤其落叶松和松树等针叶树种对土壤的通透性很敏感,苗木易患病虫害。④沙土:沙土疏松,通气性好,但因淋洗作用大,肥力很低,水分不足,易出现旱象。夏季高温时期,易受日灼。由于水分少,苗木根系少而细长,分布较深,苗木生长较差。从以上分析可知,选用土层深厚、石砾少、肥力较好的沙质壤土或轻壤土、壤土做苗圃比较好。

（3）土壤的酸碱度。土壤的酸碱度的适应范围不同,一般针叶树种苗木的适宜酸碱度范围为5.0～7.0,一般阔叶树苗木的适宜酸碱度范围为6.0～8.0。以上范围是多数针、阔叶树苗木的适宜范围,但并不是每种树种都能适应这个范围,有的树种窄些、有的树种宽些。

（4）地下水位。地下水位过低,土壤干旱,不利于苗木生长,势必增加灌溉费用。如果地下水位过高,由于土壤毛细管水上升到苗根分布层使苗木徒长,到苗木硬化期不能充分木质化,会降低苗木的抗性。地下水位高的圃地,苗木根系不发达,而且易引起土壤盐渍化。适宜的地下水位高度,因土壤质地而异。沙土中的粘粒含量少,毛细管水上升的高度低,而黏土中的黏粒含量多,毛细管水上升高度高。适宜的地下水位高度是:沙土1～1.5m;沙壤土2.5m;轻黏壤土4m。

3.水源充足

种子萌芽或插条生根发芽,必须保持土壤湿润,而幼苗生长期间根系浅,耐旱力弱,对水分要求更为突出,如果不能保证水分及时供应,会造成果树停止生长,甚至枯死。因此,苗圃一定要有较好的灌溉条件。

（二）苗圃区划

1.母本区

母本区包括良种母本园和优良砧木园,主要供应良种接穗、砧木和其他繁殖材料。

2.播种区

播种区是培育实生幼苗的区域,播种繁殖是整个育苗工作的基础和关键。实生幼苗对不良环境的抵抗力弱,对土壤质地、肥力和水分条件要求较高,管理要求精细。因此,播种区应选全圃自然条件和经营条件最好的地段,并优先满足其对人力、物力的需要。具体应设在地势平坦、排灌方便、土质优良、土层深厚、土壤肥沃、背风向阳、管理方便的区域，如果是坡地，要选择最好的坡段。

3.营养繁殖区

营养繁殖区是培育扦插苗、压条苗、分株苗和嫁接苗的区域，这一作业区与播种区的条件要求基本相同，应设在土层深厚、地下水位较高、灌溉方便的地方，但不像播种区那样严格。具体的要求还要依营养繁殖的种类、育苗设施不同而有所差异。

4.移植区

移植区又被称为小苗区，是培育各种移植苗的作业区。由播种区和营养繁殖区中繁殖出来的苗木需要进一步培养成较大的苗木时，便移入该区继续培养。依苗木规格要求和生长速度不同，往往每隔2~3年移植一次，逐渐扩大株行距，增加苗木营养面积。由于移植区占地面积较大，一般设在土壤条件中等、地块大而整齐的地方。同时依苗木的生长习性不同，再进行合理分区安排。

5.引种驯化区

本区用于栽植从外地引进的果树新品种，目的是观察其生长、繁殖和栽培情况，从中选育出适合本地区栽培的新品种。该区在现代园林苗圃建设中占有重要位置，应给予重视。引种区的面积一般不要过大，但对土壤、水源、管理技术等方面要求较严格，要配备专业人员管理。此区可单独设立试验区或引种区，或二者相结合。

二、实生苗培育

(一)实生苗的特点和利用

凡用种子繁殖的苗木称为实生苗，其繁殖方法简单，易于大量繁殖，且苗木根系发达，生长旺盛，对环境适应性强，生长迅速，寿命长，产量高。实生苗结果晚，变异性大，很难保持原来母本的性状。因此，实生苗多用作嫁接苗的砧木，也可直接用作种植果苗。所有能产生种子的果树都可以繁殖实生苗。

（二）实生苗的培育

1.种子的采集和贮藏

种子采集总的要求是：品种纯正、无病虫害、充分成熟、籽粒饱满、无混杂。采种时期，依当地的气候和果树种类而不同。采种用的果实，必须在充分成熟时采收，不宜过早。过早采收，种子成熟度差、发芽率低。

果实采收后，若果肉无应用价值，待其变软腐烂时取出种子，堆放厚度不宜超过35cm，并经常翻动，以免堆内温度过高。果肉有利用价值的，可结合加工取种。冲洗种子的水温不能超过45℃，种子堆放在通风处阴干，避免暴晒。晾干的种子应进一步精选，清除杂物、瘪粒、破粒、畸形籽和病虫籽，使纯度达到95%以上，并进行干燥贮藏。在贮藏过程中，影响种子生理活动的主要条件是种子含水量、湿度、温度和通风状况。海棠、杜梨等种子含水量为13%～16%，李、杏、毛桃等种子含水量在20%～24%，板栗、龙眼等种子可保持在30%～40%。空气相对湿度应保持在50%～80%，气温以0～8℃为宜。特别在温度、湿度较高的情况下要注意通风。

2.种子的后熟和层积及生命力鉴定

北方落叶果树的种子大都有自然休眠的特性，种子休眠主要是因为种胚尚未成熟或尚未通过后熟，不能马上发芽，需要在低温、通气及湿润条件下经过一段时间的处理，种胚才能完成后熟。

层积处理是一种保藏和人工促进种子后熟的方法，它又是许多春播果树种子播种前不可缺少的工作。层积过的种子易发芽，芽齐，幼苗长势好；反之，则芽率极低或根本不发芽。种子后熟所需温度1～10℃，以1～3℃最佳。温度低于0℃不利于种胚向成熟方面转化，温度太高也不适宜，种子后熟还需要一定的湿度和充足的空气。

为了确定种子质量和计划播种量，应在层积或播种前对种子生命力进行鉴定，常用的方法有：一是外部性状鉴定法，一般生命力强的种子，种皮不皱缩、有光泽，种仁饱满，种胚和子叶具有品种固有色泽，不透明，有弹性，用指按压时不破碎，无霉烂味。二是染色法，用40℃温水浸种1小时，剥去内外种皮，将胚浸入0.1%～0.2%靛蓝胭脂红水溶液或5%红墨水中，放置在室温下3～5小时，能发芽的种子不会着色，凡是染色的即失去生活力。三是发芽试验，一定数量的种子，在适宜的条件下，使其发芽，计算发芽百分率。

3.播种

（1）播种时期。一般分为春播和秋播，冬季不太严寒、土质较好、湿度适宜的地区以秋播为好。秋播可以省去沙藏过程，翌春出苗早、生长期较长、苗木生长旺。各地应在土壤结冻前完成秋播。冬季干旱、土壤黏重、严寒大风地区应春播。春播在土壤解冻后及时进行。河南省宜3月春播、11月秋播。

（2）播种量。单位面积的用种量称为播种量。理论上的播种量可按下列公式计算：每亩播种量（千克）=每亩计划出圃成苗数/（每千克种籽粒数×发芽率×种子纯净度）。实际播种量往往大于理论计算，因为育苗中各个环节都会影响苗木出圃量。

（3）播种方法。分直播和床播两种，直播是将种子直接播在嫁接圃内，直接嫁接出圃。床播是将种子播在预先准备好的苗床中，出苗后移至苗圃地再行嫁接。根据种子大小的不同，还有撒播、点播和条播三种方法，小粒种子用撒播，点播多用于大粒种子，条播大小种子均可适用。大粒种子播种时还应注意安放姿势，如核桃种子要侧放，使缝合线与地面垂直，板栗以腹面向下横卧，最易发芽出苗。

（4）播种深度。播种深度应根据种子大小、土壤质地、气候条件等综合考虑。一般播深为种子大小的1～5倍，黏土可稍浅，沙土地宜较深，干旱地宜深，春播者稍浅。海棠、君迁子、杜梨、葡萄15～25cm，李、樱桃4cm左右，桃、杏4～5cm，板栗、核桃5～6cm。

4.播后管理

播后进行地面覆盖麦秸等，防止土壤板结，提高地温。幼苗出土后，及时去除覆盖物，以免幼苗弯曲、黄化。2～3片真叶时，间苗移栽，早定苗。移栽前浇水，挖苗时不伤根，随挖随栽，最好在阴天或傍晚移栽，栽后立即浇水。

幼苗生长期间要中耕除草，追肥3～5次，前期以氮肥为主，后期以磷钾肥为主。若当年秋季嫁接，当苗高30～40cm时及时摘心，以利加粗生长,并把嫁接部位的萌蘖抹除。生长盛期,每1~2周灌水一次,加强病虫害防治。[①]

三、自根苗培育

(一)自根苗的特点和利用

自根苗是由果树营养器官形成不定根或不定芽而发育成的苗木,通常采用扦插、压条、分株的繁殖方法获得,亦称为无性繁殖苗或营养繁殖苗。自根苗能保持母株的优良性状和特性,变异小,进入结果期早。一般根系较浅,寿命较短。其繁殖方法简单,应用广泛。自根苗可直接用作果苗,也可作砧木苗。

葡萄、石榴、无花果、猕猴桃等常用扦插繁殖,枣、石榴、草莓等常用分株繁殖,葡萄也可压条繁殖。

(二)自根苗的繁殖原理

1.不定根和不定芽的形成

自根苗的繁殖,主要是利用植物营养器官的再生能力发根或发芽,而成长为独立的植株。不定根主要是由根原基的分生组织分化而来,根原基在形成层和髓射线的交叉点上以及形成层内侧。节部的根原基多,最易发根,是不定根形成的主要部位。不定芽是由薄壁细胞分化而来,中柱鞘和形成层也会形成不定芽。不定根和不定芽发生的部位均有极性现象,如扦插的插条总是上部发芽抽生新梢,下部生根。因此,扦插时不要颠倒枝条。

2.影响生根的因素

(1)影响生根的内在因素。不同树种、品种其发根、萌芽的难易不同,葡萄易生根,苹果、桃、李生根困难。葡萄中的欧洲种、美洲种较山葡萄发根力强。同一树龄的一年生枝较多年生枝易生根。葡萄枝插易生根,而根插则不易萌芽。同一枝条上其养分状况也影响生根。节上比节间易生根。

(2)影响生根的外界条件。影响生根的外界条件主要有温度、湿度、

---

①邹彬,吕晓滨. 果树栽培与病虫害防治技术[M]. 石家庄:河北科学技术出版社,2014.

光照、土壤及通气条件等。扦插和压条生根最适宜的土温为15～25℃，湿度以土壤最大持水量的60%～80%为宜。空气湿度大利于成活，常用洒水、喷雾或塑料薄膜覆盖来提高空气湿度，以提高成活率。光照对根系发生有抑制作用。因此，插条基部要深埋土中，结构疏松、通气良好的沙壤土，土壤pH值为6～7时易生根。

3.促进生根的方法

（1）机械处理。于新梢停止生长至扦插前，在作插条的基部进行环剥、刻伤、缢伤等机械处理，增加枝条内含物。在扦插时，加大插条下端伤口，或在基部纵划几刀，加强细胞分裂及根原基形成的能力。

（2）加温处理。利用温床和冷床加温催根，将插条倒插于湿沙中，基部温度保持在20～25℃，喷水保湿，气温8～10℃，能提高扦插成活率。

（3）利用植物生长调节剂。常用的植物生长调节剂有吲哚乙酸、吲哚丁酸、萘乙酸，浓度为5～100mg/kg，浸插条基部12～24小时，能促进生根。另外，高锰酸钾、硼酸等的0.1%～0.5%溶液及蔗糖、维生素B_{12}水溶液浸插条基部数小时至24小时，也能促进生根。

（三）自根苗的繁殖方法

1.扦插繁殖

扦插繁殖是利用优良母树上的营养器官插到土壤或其他基质中，使之生根、发芽形成新的植株的繁殖方法。常用的扦插方法有枝插及根插，枝插又分为硬枝扦插和绿枝扦插。

（1）硬枝扦插。用充分成熟（养分充足）的一年生枝条扦插。

（2）绿枝扦插。用当年生尚未木质化或半木质化的新梢在生长期进行扦插，叫绿枝扦插，又称嫩枝扦插、软枝扦插。剪成有3～4个芽的插条，扦插于土中长成的苗木，称为扦插繁殖苗木，简称"扦插苗"。

（3）根插。根插时，选根的直径0.4～1cm，剪成7～15cm的根段，进行沙藏，春季扦插。苹果、枣、柿、梨、核桃均可用根插，但根插时千万不可倒插。

2.压条繁殖

压条繁殖是将母株上的枝条压于土中或生根材料中，使其生根后与母树分离而长成新的植株的繁殖方法。凡在枝条不与母树分离的状态下，将枝条采用直接培堆泥土埋压后或环剥净枝条皮层后用生根材料（塘泥、锯屑、牛粪、稻谷壳等）包裹着生根，生根后剪或锯离母树而经假植长成的苗木，称为压条繁殖苗木，简称"罔枝苗"。采用压条繁殖成活率高，可保持母树优良的性状，技术操作易于掌握，但其缺点是易造成母树衰弱。

（1）直立压条法。又称培土压条法。冬季或早春萌芽前将母株基部离地面15～20cm处剪断，促使发生多数新梢，待新梢长到20cm以上时，将基部环剥或刻伤，并培土使其生根，培土高度约为新梢高度的一半。当新梢长到40cm左右时，进行二次培土，一般两次培土即可。秋季扒开培土，分株起苗。桃、李、石榴、无花果、苹果和梨的矮化砧等均可采用此法繁殖。

（2）水平压条法。将枝蔓开沟压入10cm左右的浅沟内，顶梢露出地面，待各节抽出新梢后，随新梢的增高分次培土，使新梢基部生根，然后分别切离母株。葡萄和苹果矮化砧多用此法。

（3）空中压条法。春季3～4月，选1～2年生枝条，在欲使其生根的基部环剥或刻伤，然后用塑料布卷成筒，套在刻伤部位，先将塑料筒下端绑紧，筒内装入松软肥沃的培养土，并保持一定湿度，再将塑料筒上端绑紧，待生根后与母株分离。

3.分株繁殖

分株繁殖是利用根际部萌蘖芽条，使其分离母树后而长成新的植株的繁殖方法。凡是果树的根上易发生根蘖或靠近根部的茎上易发生分蘖，经分离后长成苗木，称为分根苗或分蘖苗，简称"根蘖苗"。采用根蘖苗时应先将根蘖苗的根系培育旺盛粗壮生长后，才分离母树。否则因根蘖苗依赖母树体内养分，在自身根系少而不完整的情况下，一旦分离母树定植，往往会导致根系吸收养分和水分的不足而引起地上枝叶萎蔫枯死，影响成活率。

（1）根蘖分株法。适用于根上容易发生不定芽而自然长成根蘖苗的树种，例如枣、山楂、樱桃、石榴、杜梨等。为促使其多发生根蘖苗，可在休眠期或萌发前将母株树冠外围部分骨干根切断或刻伤。生长期加强肥水管理,使苗旺盛生长,根系发达。

（2）匍匐茎分株法。草莓的匍匐茎节间着地后,下部生根,上部发芽,切离母体即成新苗。

四、嫁接苗培育

（一）嫁接苗的特点和利用

嫁接繁殖也是营养繁殖的一种方法,是将砧木和接穗,采用嫁接技术而培育长成新的植株的繁殖方法。凡是通过嫁接技术将优良果树某植株上的枝或芽接到另一果树植株的枝、干或根上,接口愈合长成的苗木,称为嫁接繁殖苗木,简称"嫁接苗"。采用嫁接繁殖方法可使砧木的优良性状或特性得以发挥,从而增强了该种果树的某些抗逆性和适应性,同时可保持母树接穗品种的优良性状,最终达到生长快、早果优质、丰产稳产的目的。对于无核果树品种和采用扦插、压条、分株不易繁殖的果树品种都可以采用嫁接繁殖来大量繁殖苗木。目前,嫁接繁殖苗木是果树生产采用得十分普遍、推广得较广泛的苗木繁殖方法。

（二）嫁接繁殖的原理

1.嫁接愈合过程

愈合是果树嫁接能否成活的首要条件,主要取决于砧木和接穗间能否密接,产生愈伤组织,并分化形成新的输导组织而相互结合。愈伤组织细胞进一步分化,将砧木和接穗的形成层连接起来,向内形成新的木质部,向外形成新的韧皮部,将两者木质部的导管与韧皮部的筛管沟通,砧穗上下营养交流,两个异质部分结合成一个整体,而成为一棵新的植株。

2.影响嫁接成活的因素

（1）砧木和接穗的亲和力。亲和力是指砧木和接穗嫁接后,在内部组织结构、生理和遗传特性方面差异程度的大小。无论用哪种嫁接方法,不管在什么样的条件下,砧木和接穗间必须具备一定的亲和力才能嫁接成活。

亲和力的强弱与植物亲缘关系的远近有关，一般规律是亲缘关系越近，亲和力越强。同品种或同种间的亲和力最强，嫁接最易成活。嫁接亲和力弱或完全不亲和，往往影响嫁接成活。

（2）外界条件。嫁接成活在一定程度上受气温、土温、湿度、光照、空气等条件的影响。各种果树形成愈伤组织的最适温度有所不同，一般以20～25℃为宜。空气湿度大，通气好，愈合也好，强光直射能抑制愈伤组织的产生，黑暗有促进作用。

（3）砧木及接穗的质量。砧木与接穗贮藏较多的营养，一般较易成活，嫁接时宜选用生长充实的枝条作接穗。

（4）嫁接技术与管理水平。嫁接技术的优劣直接影响接口切削的平滑程度和嫁接速度，若削面不平滑，影响愈合。嫁接速度快而熟练，可避免削面风干或氧化变色，且嫁接成活率高，管理水平高，易成活。

（三）砧木和接穗的选择

1.选择砧木的条件

与接穗品种亲和力好；对当地气候、土壤适应性强；对接穗品种生长结果有良好影响；对病虫害抵抗力强；来源丰富，繁殖容易。

2.选择接穗的条件

适应当地生态条件，市场前景好的良种；结果三年以上，性状稳定，无检疫性病虫害的母树；树冠外围中上部，枝芽饱满的一年生枝。

（四）嫁接的主要方法

我国是世界上采用嫁接繁殖果树最早的国家之一，其嫁接方法很多，大致可分为枝接、芽接、根接三大类。

1.枝接

是用植株的一段枝条作接穗进行嫁接，适用于较粗的砧木，包括腹接、劈接、皮下接、插皮接、切接、舌接、靠接、桥接等。枝接多在谷雨前、芽未萌发时进行。黄河流域以南的河南省，在冬季也可埋土枝接，枝接的最主要优点是接苗生长快，但使用接穗多。

（1）劈接。砧木处理在无节处剪断或锯断，将断口修整平滑，断面中央向下垂直劈开深3～5cm的伤口。接穗处理选取8～10cm长的接穗，下端削成两面等长的平滑斜面,削面长3~5cm,上端留2~4个饱满芽,顶芽留在外侧。把削好的接穗插入劈口内,使接穗和砧木吻合,插入接穗时,要"露白",立即包扎。

(2)插皮接。要求砧木直径应在2cm以上,在接穗发芽以前、砧木离皮以后进行,一般在4月中旬至5月上旬为宜。砧木处理选择砧木光滑的部位,向上斜削一刀,露出形成层,沿切口向下直划一刀,长1.5~2cm,然后左右拨开皮层。接穗处理在接穗上选取2~4个饱满芽,上端剪平,并在下端芽的下部背面一刀削成3~5cm长的平滑大切面,并在削面两侧轻轻削两刀,露出形成层为宜,然后在大切面尖端的另一面再削一个小切面,以便插入湿布包好待用。将接穗大切面朝里插入,砧木的韧皮部和木质部之间,深达接穗大切面的一半以上,露白0.5~1cm,用嫁接膜包扎。

(3)切接。切接方法与劈接相近,适用于较细的砧木。砧木处理离地4~8cm选平滑处剪断砧木,修平剪口,在断面边缘向上斜削一刀,露出形成层,然后沿形成层笔直下切2cm。接穗处理在芽下0.5cm处削1.5~2cm的削面,不带或稍带木质部,在长削面对面尖端削长约1cm的小切面,芽留在小切面,在芽上方0.5cm处剪断即可。结合将大切面朝里,小切面朝外插入砧木切口,使接穗与砧木形成层对齐,两边对齐,然后用塑料布条绑紧。

2.芽接

芽接是在砧木接口处仅嫁接一个芽片,这是应用最广的一种方法,春、夏、秋三季只要树皮离皮,均可进行,但以秋季应用最多。芽接有"T"形芽接、嵌合芽接、方块芽接等多种方法。

(1)"T"形芽接。适用于一年生小砧木,在皮层易剥离时进行。砧木处离地面5~8cm处,选光滑处横切一刀,深达木质部,在横切口下纵切一刀,伤口呈"T"形,然后用刀尖向左右拨开成三角形切口。接穗处在选好的芽上方0.5cm处横切一刀,深达木质部,在芽下方1cm处向上斜削一刀,使芽片成盾形。将削好的芽片插入砧木的三角形伤口内,芽片上端与砧木横切口紧密相接,并做好绑缚。

（2）嵌合芽接。砧木处理在选定部位斜削一刀,深达木质部且稍长于芽片。接穗处在芽上方0.5~0.8cm处向下斜削一刀,削面长1.5~2cm,可稍带木质部,然后在芽下方0.8~1cm处45°角斜切一刀,取下芽片。将芽片嵌入砧木切口内,对齐形成层,包扎时两头稍紧,中间稍松。

（3）方块芽接。适用于核桃、柿等厚皮树种,砧木处理在砧木光滑处按芽片大小刮除一块树皮。接穗处理在芽的上、下、左、右处各切一刀,深达木质部,取下方形芽片。将芽片贴在削好的砧木切口上,四边切口对齐贴紧,绑膜包扎。

3.根接

根接是以砧木树种的根系为砧木,嫁接所需树种接穗的苗木繁育技术,苹果、梨、桃、李等树种均可采用根接法繁殖。它具有嫁接时间长、原材料来源广、成活率高、长势旺等特点,是果树育苗的一种好办法。但从栽培果树上采取根系,易削弱树势。

（1）根接时间。1月到3月中旬,利用深冬早春农闲时期,在室内进行嫁接。

（2）原料准备。选择亲和力强的树种作砧木,如嫁接苹果用海棠、山梨、杜梨的根等。砧木来源:将起苗后残留的根、果树根蘖苗的根或野生砧木的根挖出,选择粗细适中带须根的根系,保温存放。接穗来源:利用冬季剪下来的水分充足、芽眼饱满、无病虫害的1~2年生枝条作接穗。

（3）根接方法。以劈接为主,也可用倒腹接、插皮接、贴枝装根等办法。把砧木剪成10cm长的根段,将根段上端剪平,沿平面中间垂直劈2.5~3cm长的口;选取有2个饱满芽的接穗,下端削成2cm上宽下窄的楔形;将接穗削面插入根段劈口内,使根与接穗的形成层对准密接,不要错位;然后用塑料条捆扎严紧,接好后移至室外沙藏贮存。

（4）沙藏贮存。挖深60cm的贮存沟,长度和宽度根据需要而定。沟底铺10cm厚的湿沙,湿沙以手握成团,落地即散为好。将接好的根穗移入贮存沟,用湿沙灌满盖严,4月上旬伤口愈合,即可育苗。如果春接春育,根枝接好后,可置于温床促进愈合,2周后再育苗。

（5）注意事项。具体包括:①在嫁接和根穗保存过程中,要遮光保湿,严防根穗失水,确保质量。②接好的成品移动时,要轻拿轻放,不要碰撞接穗,确保接穗不移位。③育苗时要先将苗畦灌水保墒,待水渗下去后再下地育苗,切莫浇水过早影响成活。

(五)嫁接后的管理

1.检查成活与补接

芽接后15天、枝接35～40天即可检查成活情况,同时解膜,秋季嫁接可在翌年萌芽前解膜。

2.适时剪砧

芽接和腹接可结合检查成活率7～10天剪砧或折砧。

3.除萌

剪砧后,及时抹除砧木萌蘖,但要适当留一些起到辅养作用,不要抹净。

4.设立支柱

当嫁接苗高15cm左右时,设立支柱保证苗木直立生长。

5.施肥

嫁接前10～15天施速效肥一次;嫁接成活剪砧后,视不同果树种类和苗木生长情况施肥,一般每月一次。薄肥勤施,前期以氮肥为主,后期控施氮肥,增施磷、钾肥,9月上旬后停止施肥。

6.及时中耕除草、水分管理及病虫防治等。

五、苗木出圃

(一)出圃准备

起苗前1周对苗木灌水,准备包扎物,清理苗木并进行质量评估。

(二)起苗

落叶果树从落叶到春季树液流动前起苗,常绿果树一般萌芽前起苗。起苗可用刀口锋利的镢头、铁锨或起苗犁等工具,用镢头或铁锨起苗时,先在苗行的外侧开一条沟,然后按次序顺行起苗。起苗深度一般是25～30cm,起苗时应避开大风天气。

（三）苗木分级与修整

1.苗木分级

按照国家及地方标准对不同果树苗木出圃规格进行选苗分级。

2.苗木出圃标准

品种纯正（包括接穗和砧木），根系发达，主根短直，侧须根多，分布均匀，根茎比小；枝干充实，粗壮匀称，具备该品种应有的光泽；在整形带内具有足够的饱满芽，接口完全愈合，表面光滑，无严重的病虫害和机械损伤。

3.苗木修整

剪掉带病虫枝梢、受伤的枝梢、不充实的秋梢及过长的畸形的根系。

（四）检疫与消毒

1.植物检疫

凡果园苗圃，要向当地森林病虫害防治检疫站申请产地检疫，森检机构派检疫员对苗圃进行检疫，经检疫合格的发给《苗木产地检疫合格证》，外运苗时，持证可直接换取《森林植物检疫证书》，凡带有检疫对象的苗木，要做除害处理，不得出圃销售。未申请产地检疫的苗木出圃时要严格检疫，列入检疫对象的病虫害有黑星病、核桃枯萎病、枣疯病、绵蚜、葡萄根瘤蚜、美国白蛾等。发现带有检疫对象的苗木，应立即集中烧毁。苗木出圃后，需经过检疫，才能调运。

2.消毒杀菌

常用3～5波美度石硫合剂喷洒或浸苗10～20分钟，然后用清水冲洗根部。带有害虫的苗木，亦可选用相应的杀虫剂。

（五）包装、运输与贮藏

1.苗木调运

外调苗木，要及时包装、调运。苗木包装材料，一般用草袋、蒲包等。为保持根系湿润，包装内用湿润的苔藓、木屑、稻壳、碎稻草等材料作填充物。包装可按品种和苗木的大小，每50～100株一捆，挂好标牌，注明产地、树种、品种、数量和等级。冬季调运苗木，还要做好防寒保温工作。

2.苗木假植

苗木假植应选择背风向阳、地势平坦、排水良好、土质疏松的地块。北方挖沟,沟宽1m,沟深以苗木高矮而定,长以苗木多少而定。假植时,将分级和挂牌的苗木向南倾斜置于沟中,分层排列,苗木间填入疏松湿土,使土壤与根系密接,最后覆土厚度为苗高的1/2～2/3,并高出地面15～20cm,以利排水。

第二节 果树园艺植物的果园建立

一、果园建立

(一)园地选择

园地选择必须以生态区划为依据,选择果树最适生长的气候区域。灾害性天气频繁发生,而目前又无有效办法防止的地区不宜选作园地。选择园地时必须考虑两大方面的因素,即自然因素和社会因素。

1.自然条件

(1)地形、地貌。包括地势高度、坡度、坡向、坡形以及谷地、盆地、地面的起伏情况等,果园要求一般平地或坡度低于20°的山坡地均可,但须避免在排水不良的凹地及地下水位常年较高的地带建园。

对果树来说,由于高海拔地区的直射光强度和紫外线含量较高,果树表现为较易形成花芽,果实着色鲜艳、品质好。

在平地,建果园要求形状方正、方位正南(或略偏东或偏西),以最大限度地利用光照,有利于田园机械化作业。在山坡地建果园时,则对果园的形状无特别要求,但应注意选择坡向。南坡光照最好,背风向阳,最适合建园;东坡上午光照好而下午光照较差,自然条件不如南坡,但也可以建园;西坡上午光照较差,下午光照较好,自然光照强度的变化与植物光合作用的日变化规律相反,有时还会出现树干和果实的日灼现象,因此比东坡的条件稍差,也可以建园;北坡光照一般不如南坡,会影响到果实产品的品质,但在坡度小于5°的缓坡地带则与南坡差别不大,因此,能否在北坡建园及建园后种植什么种类的果树,要看坡度而定。

(2)农业气象条件。包括年降水量、日照时数、极端低温和高温、年有效积温、大风等,着重了解拟建园地区的小气候及灾害性天气发生的情况,以便确定能否建园和建园后拟发展的果树种类和品种及与之相适应的栽培方式和病虫害防治措施,有针对性地克服或减少不利因素的影响。

(3)土壤条件。土壤情况主要包括土壤的通气性、保肥性和保水性、透水性、土壤类型、土层厚度、土壤的酸碱度、地下水位、有机质及主要营养元素的含量等。果树的根系较深,耐瘠薄能力和适应能力较强,因此对土壤肥力的要求不太严格,一般沙壤土、壤土、细沙土上均可建果园,但以透气性好、保肥水能力较强的沙壤土为最好,园地的常年地下水位应在1.5m以下。

(4)水源。果树需水量大多比较大,因此建种植园时,必须有充足的水源保证,水源包括年降水情况、地下水资源、河流及湖泊等,在年降水量较小的地区必须有灌溉条件做保证。

(5)环境污染情况。主要指空气和水源的污染,一般的污染物目前多指重金属离子、二氧化硫、二氧化氮、氟化物、氰化物、砷化物、粉尘、烟尘等。

拟建园地的附近不应有对环境污染较严重的工厂,如化工厂、炼钢厂、砖瓦厂、石灰厂等。这类工厂往往排出一些废水、废气及烟雾、粉尘等污染大气和地下水,轻则污染果实产品,使果实的外观品质和内在品质均下降,影响了产品的食用价值和观赏价值;严重则妨碍果树正常生长发育或导致死亡,造成减产或绝产,其含的有毒物质还会对人体造成伤害。因此,拟建园的地点应远离污染源,灌溉水和空气质量应符合国家无公害果品产地环境质量要求。

2.社会条件

(1)市场需求情况。建园时必须根据果品的特点,考察了解拟建果园所对应的销售市场状况、对象和范围、居民消费习惯和水平等。绝不可不考虑市场状况,盲目建园,否则建园后产品滞销,就会造成不可弥补的损失。

不同地区的经济条件差异较大,同一地区的不同消费者之间经济条件差异也很大,经济条件的差异决定了其消费水平的高低,这就要求生产者要把握好各个层次消费者的数量及比例,以便确定所生产的各档次果树产品的数量。

(2)交通和运输。交通便利是建园的先决条件,便利的交通还可弥补距离市场较远带来的欠缺。离市场的远近也是确定种植的种类和品种必须考虑的因素之一,因为不同的果品的耐运输性能差别很大,有些可以远距离运输,有些则不宜远距离运输。

(3)经济状况。经济状况决定了建园者的投资能力和所产商品的档次,同时地区的经济状况也决定了当地的总体消费水平。

(4)劳动力状况。劳动力的数量、劳动力价格、文化素质和技术水平直接影响到种植园的生产管理质量和经济效益,因此,在选择和确定建园地点时也必须对当地的劳动力状况进行考察。

(5)传统的生产模式和生产技术水平。包括当地过去有无种果树的历史,人们的生产习惯和生产观念如何,生产水平如何,基础设施状况和机械化水平如何等。

(二)园地规划设计

合理进行园地规划设计是保证高质量建园的基础,园地规划设计合理与否,直接关系到若干年以后果树的生长发育状况、种植园操作管理时的方便程度、工作效率和经济效益。

1.果树园地的规划依据

一个地区应当种植什么果树,或一种果树应当在什么地区、地块发展,不应是随意、主观决策的,应以深入细致的调查研究和反复论证作为依据。调查研究的主要地点应以本地为主,外地为辅。调查研究的主要内容:一是自然环境条件和资源,包括降水、温度、日照、湿度、地下水、风向、风力、自然灾害等气象条件,地形、地势、土质、土壤利用等植被情况,水源、矿产及天然能源条件,生态与污染现状等;二是社会经济及人文条件,包括人口、农业劳动力资源、经济状况、工业和商业、交通的发达与否、种植业水平,特别是已有果树生产水平以及有无特优产品等;农业劳动力素质等;三是市场;四是发展生产的投资情况。上述情况的调查,有的需要依据实际数据绘制图示,如土壤分布图、植被图、水源状况等,有的则要依据实际数据编写出说明书,如社会经济及人文方面的情况等,在这些工作的基础上再论证发展什么和怎样发展。

2.果树园地规划

(1)小区的划分。小区也称为业区,是果园土壤耕作和栽培管理的基本单位。划分小区应根据果园面积、地形等情况进行,应使同一小区内的地势、土壤、气候等条件尽可能保持一致,以便于统一生产管理和机械作业。

平地果园条件较为一致,小区面积以50～150亩为宜;山坡与丘陵地果园地形复杂,土壤、坡度、光照等差异较大,耕作管理不便,小区面积15～30亩即可;统一规划而分散承包经营的小果园,可以不划分小区,以承包户为单位,划分成作业田块。

小区形状在平地果园应呈长方形,以便于机械化作业,其长边尽量与当地主风方向垂直,以增强抗风能力;山地果园小区的形状以带状为宜,或随特殊地形而定,其长边最好在同一等高线上,以便整修梯田和保持水土。

(2)道路。果园应规划必要的道路,以满足生产需要,减轻劳动强度,提高工作效率。道路的布局应与栽植小区、排灌系统、防护林、贮运及生活设施等相协调。在合理便捷的前提下尽量缩短距离,以减少用地,降低投资。面积在120亩以上的果园,应设置2～3级道路系统。干路应与附近公路相接,园内与办公区、生活区、贮藏转运场所相连,并尽可能贯通全园。干路路面宽6.8m,能保证汽车或大型拖拉机对开;支路连接干路和小路,贯穿于各小区之间,路面宽4～5m,便于耕作机具或机动车通行;小路是小区内为了便于管理而设置的作业道路,路面宽1～3m,也可根据需要临时设置。

山地或丘陵地果园应顺山坡修盘山路或"之"字形干路。支路应连通各等高台田,并选在小区边缘和山坡两侧沟旁。山地果园的道路,不能设在集水沟附近。在路的内侧修排水沟,并使路面稍向内倾斜,使行车安全,减少冲刷,保护路面。

(3)山地果园水土保持工程。水平梯田:水平梯田是山地水土保持的有效方法,也是加厚土层、提高肥力、促进果树生长的重要措施。

等高撩壕:在坡面上按等高线挖横向浅沟,将挖出的土堆在沟的外侧筑成土埂,称为撩壕。果树栽在土埂外侧。此法能有效地控制地面径流,拦蓄雨水,当雨量过大时,壕沟又可以排水,防止土壤冲刷。撩壕对坡面土壤的层次和肥力状况破坏不大,能增加活土层厚度,有利于幼树生长发育。但撩壕后的果园地面不平,会给管理工作带来不便。另外,在坡度超过15°时,撩壕堆土困难,壕外侧土壤流失严重。因此,撩壕只适宜在坡度为5°~10°、土层深厚的平缓地段应用。

鱼鳞坑:鱼鳞坑是一种面积极小的单株台田,其形似鱼鳞,故称"鱼鳞坑",此法适于坡度大、地形复杂、不易修筑梯田和撩壕的山坡。修鱼鳞坑时,先按等高原则定点,确定基线和中轴线,然后在中轴线上按株行距定出栽植点,并以栽植点为为中心,由上部取土,修成外高内低半月形的小台田,台田外缘用土或石块堆砌,拦蓄雨水供果树吸收利用。

(4)灌排系统。灌溉系统:灌溉方式有渠灌、喷灌、滴灌和渗灌等。渠灌主要是规划干渠、支渠。渠道的深浅与宽窄应根据水的流量而定,渠道的分布应与道路、防护林等规划结合,使路、渠、林配套。在有利灌溉前提下,尽可能缩短渠道长度。渠道应保持0.1%~0.3%的比降,并设立在稍高处,以便引水灌溉。山地果园的干渠应沿等高线设在上坡,落差大的地方要设跌水槽,以免冲坏渠体。近年来应用较多的有喷灌、滴灌和渗灌等。

排水系统:平地果园的排水方式主要有明沟排水与暗沟排水两种。排水系统主要由园外或贯穿园内的排水沟、区间的排水沟、支沟和小区内的排水沟组成。各级排水沟相互连接,干沟的末端有出水口,便于将水顺利排出园外。小区内的排水小沟一般深度50~80cm;排水支沟深100cm左右;排水干沟深120~150cm,使地下水位降到100~120cm。盐碱地果园,为防止土壤返盐,各级排水沟应适当加深。

暗沟排水是在地下埋设瓦管管道或石砾、竹筒、秸秆等其他材料构成排水系统。此法不占地面,不影响耕作,但造价较高。

山地果园主要考虑排除山洪,其排水系统包括拦洪沟、排水沟和背沟等。拦洪沟是在果园上方沿等高线设置的一条较深的沟,作用是将上部山坡的洪水拦截并导入排水沟或蓄水池中,保护果园免遭冲毁。拦洪沟的规格应根据果园上部集水面积与最大降水强度时的流量而定,一般宽度和深度为1~1.5m,比降0.3%~0.5%,并在适当位置修建蓄水池,使排水与蓄水结合进行。山地果园的排水沟应设置在集水线上,方向与等高线相交,汇集梯田背沟排出的水而排出园外。排水沟的宽度50~80cm,深度80~100cm。在梯田内修筑背沟(也称集水沟),沟宽30~40cm,深20~30cm,保持0.3%~0.5%的比降,使梯田表面的水流入背沟,再通过背沟导入排水沟。

(5)配套设施。果园内的各项生产、生活用的配套设施,主要有管理用房、宿舍、库房(农药、肥料、工具、机械库等)、果品贮藏库、包装场、晒场、机井、蓄水池、药池、沼气池、加工厂、饲养场和积肥场地等。配套设施应根据果园规模、生产生活需要、交通和水电供应条件等进行合理规划设计。通常管理用房建在果园中心位置;包装与堆贮场应设在交通方便、相对适中的地方;贮藏库设在阴凉背风、连接干路处;农药库设在安全的地方;配药池应设在水源方便处,饲养场应远离办公和生活区,山地果园的饲养场宜设在积肥、运肥方便的较高处。

(6)防护林的设置。防护林的作用:果园营造防护林能降低风速、保持水土,调节温度、增加湿度,改善果园生态气候条件;还可以提供蜜源、肥源、编条等林副产品,增加果园收入。防护林类型及效应根据林带的结构和防风效应可分为三种类型:①紧密型林带:由乔木、亚乔木和灌木组成,林带上下密闭,透风能力差,风速3~4m/s的气流很少透过,透风系数小于0.3。在迎风面形成高气压,迫使气流上升,跨过林带的上部后,迅速下降,恢复原来的速度,因而防护距离较短,但在防护范围内的效果显著。在林缘附近易形成高大的雪堆或沙堆。②稀疏型林带:由乔木和灌木组成,林带松散稀疏,风速3~4m/s的气流可以部分通过林带,方向不改变,透风系数为0.3~0.5。背风面风速最小区出现在林高的3~5倍处。③透风型林带:一般由乔木构成,林带下部(高1.5~2m处)有很大空隙透风,透风系数为0.5~0.7。背风面最小风速区为林高的5~10倍处。一般认为果园的防护林以营造稀疏型或透风型为好。在平地防护林可使树高20~25倍距离内的风速降低一半。在山谷、坡地上部设紧密型林带,而坡下部设透风或稀疏林带,可及时排除冷空气,防止霜冻为害。

防护林树种的选择:用作防护林的树种必须能适应当地环境条件,抗逆性强,尽可能选用乡土树种,同时要求生长迅速、枝叶繁茂且寿命较长,具有良好的防风效果;防护林对果树的负面作用要尽可能小,如与果树无共同性病虫害,根蘖少又不串根,并且不是果树病虫害的中间寄主。此外,防护林最好有较高的经济价值。乔木树种可选杨、柳、楸、榆、刺槐、椿、泡桐、黑枣、核桃、银杏、山楂、枣、杏、柿和桑等;灌木树种可选紫穗槐、酸枣、杞柳、柽柳、毛樱桃等。

山地果园营造防护林除防风外,还有防止水土流失的作用。一般由5~8行组成,风大地区可增至10行,最好乔木与灌木混交。主林带间距300~400m,带内株距1~1.5m,行距2~2.5m。为了避免坡地冷空气聚集,林带应留缺口,使冷空气能够下流。林带应与道路结合,并尽量利用分水岭和沟边营造。果园背风时,防护林设于分水岭;迎风时,设于果园下部;如果风来自果园两侧,可在自然沟两岸营造。

平地、沙滩地果园应营造防风固沙林。一般在果园四周栽2~4行高大乔木,迎风面设置一条较宽的主林带,方向与主风向垂直,通常由5~7行树组成。主林带间距300~400m。为了增强林带的防风效果,与主林带垂直营造副林带,由2~5行树组成,带距300~600m。

(7)果树树种和品种选择。正确选择果树种类和品种,是实现优质、丰产、高效的重要前提。首先,在选择树种、品种时,应根据区域化、良种化的要求,因地制宜地确定发展果树的种类、品种。充分考虑不同树种、品种的生物学特性,结合当地的地形、气候、土壤等生态环境条件,做到适地适栽。其次,以市场为导向,以优质、营养为生产目标,以名、特、优、新品种为主,引进国内外优良品种,集中开发。但对引进新品种必须通过区域试验、生产试栽等程序,经鉴定通过后,才能大面积发展。最后,根据果品销售主要渠道的需要,结合果园所处的地理位置、交通状况等,合理搭配早熟、中熟、晚熟品种,鲜食与加工品种的比例。但是作为生产果园树种和品种都不宜过多,一般主栽树种1个,主栽品种2～3个即可,考虑早熟、中熟、晚熟品种和不同用途的品种搭配。若是作为观光旅游的果园,树种和品种可适当增多,但树种和品种的增多,会给生产管理增添许多困难,因此应选用易栽培管理的品种;同时注意不同树种的分区种植,避免混栽。

(8)授粉树的配置。果树属异花授粉植物,绝大多数种类和品种自花不实,或自花结实率很低。进行异花授粉后,坐果率提高,果形端正,外观和品质更好。因此,建园时必须配置授粉树。授粉树的配置,并不是任意将两个品种栽在一起就能相互授粉。必须选择适宜的品种组合,按比例搭配,确定合理的配置方式,才能保证授粉质量,有效地提高坐果率和果实品质。

授粉树应具备的条件:作为授粉品种应同时具备以下条件:必须与主栽品种花期一致,且能产生大量发芽率高的花粉;与主栽品种授粉亲和力强,最好能相互授粉;授粉树的生长结果习性要与主栽品种相匹配,即与主栽品种长势相仿,树体大小接近,能同时进入结果期,开花期基本一致;进入结果期较早或与主栽品种同时进入结果期,且无明显的大小年结果现象。

授粉树的配置比例:授粉树与主栽品种的配置比例,应根据授粉树品种质量及授粉效果等因素来确定,一般从以下几个方面考虑:授粉品种丰产性强,果实品质优良,可以加大授粉品种比例,甚至实行等量栽植;授粉品种花粉质量好,授粉结实率高,为了保持主栽品种较高比例,可适当少栽授粉品种,但不能少于15%,若授粉效果稍差,应保持在20%以上;主栽品种不能为授粉品种提供花粉时,还应增加品种,解决授粉品种的授粉问题。

授粉树的配置方式:授粉树的配置方式,应根据授粉品种所占比例、果园栽培品种的数量和地形等确定,通常采用的配置方式有:

中心式：授粉树较少时，为能均匀授粉，提高受精结实率，每9株配置1株授粉树于中心位置；

行列式：大面积果园，为管理方便，将主栽品种与授粉品种分别成行栽植，授粉树较少时，每间隔3～4行主栽品种配置1～2行授粉品种，如果授粉品种也是主栽品种之一，可各3～4行等量相间栽植；

复合行列式：两个品种不能相互授粉，须配置第三个品种进行授粉，每个品种1～2行间隔栽植。[①]

二、果树的定植

定植是指将育好的果苗移栽于果园中的作业，定植后植株将在同定的位置一直生长到生命周期结束或将近结束。而将果苗从一个苗圃移栽于另一个苗圃，则称之为移植或假植。定植是种植同生产的开始，这一过程要把握好定植时期、定植方法、定植密度三方面的问题。

（一）定植时期

一般落叶果树在秋季植株落叶后或春季发芽前定植为宜。常绿果树，在春、夏、秋均能进行定植，以新梢停止生长时较好，春、夏移植时应注意去掉一些枝叶，减少水分蒸发，也可剪除一些过长的根系。不要将根系团曲在定植穴内，影响根系向下和向四周的扩展。

（二）定植密度

定植密度是指单位土地面积上栽植果树的株数，也常用株行距大小表示。为了最大限度地利用光热和土地资源，必须合理密植。密植的合理性在于果树生育期里群体结构既能保证产品产量高，又能保证产品品质优良，同时还便于田间操作管理。

影响作物定植密度的因素很多，果树的种类和品种、当地气候和土壤条件、栽培方式和技术水平等均与栽植密度有关。

1.果树种类、品种和砧木

每种果树都有本种类典型的植株高矮、大小，常用冠幅表示。不同果树的冠幅是确定其栽植密度的主要依据。果树的种类、品种间冠幅差别

---

①陈海江. 果树苗木繁育[M]. 北京：金盾出版社，2010.

更大,定植密度差异也就很大。例如普通苹果的冠幅一般为4～6m,而短枝型苹果品种的冠幅只有2.5～4m,适宜密植。果树多以嫁接苗定植,砧木的种类、使用方式和砧穗组合不同,树冠大小也不同。一般普通品种/乔化砧＞短枝型品种/乔化砧;普通品种/半矮化砧＞普通品种/矮化砧。同一种矮化砧,用作中间砧比自根砧树冠大,则其栽植密度应减小。

2.气候和土壤条件

一般而言,光、热、水条件好,土壤深厚而肥沃,任何植物的生长潜能都会得到更充分的展示,表现冠幅较大,因此在这种条件下应适当稀植。相反条件下,则任何植物的冠幅均较小,应适当密植,以群体株数多获得高产。但有时气候和土壤条件很差,也不宜过密。如在干旱的地区,密植时作物的水分需求得不到保证,群体产量与质量也不高;在寒冷地区种植葡萄,越冬需埋土防寒,则必须留出较大的行间距,以便于取土。

3.栽培方式

果树栽培方式多种多样,可采用支架栽培、地面匍匐栽培和篱壁式栽培,同样的品种,定植密度也不同。例如葡萄篱架栽培的密度一般为1666～5000株/公顷,而棚架栽植的密度只有625～2500株/公顷。

4.栽培技术水平

通常栽植密度越大对技术水平要求越高,密植以后应当有相应的技术措施做保证。否则,会因定植密度过大造成茎叶(枝干)徒长,群体和植株冠内通风透光不良,最终导致果产品的产量低、质量差,经济效益不好,果树建园的定植密度可参考表2-1。

表2-1　果树建园的定植密度

果树种类	砧木与品种组合(架式)	栽植距离(米)		每亩株数(株)	备注
		行距	株距		
苹果	普通型品种/乔化砧	4～5	3～4	33～56	山地、丘陵
		5～6	3～4	28～44	平地
	普通型品种/矮化中间砧	4	2	83	山地、丘陵
	短枝型品种/乔化砧	4	2～3	56～83	平地

（续 表）

果树种类	砧木与品种组合（架式）	栽植距离（米）		每亩株数（株）	备注
		行距	株距		
	短枝型品种/矮化中间砧	3～4	1.5	111～148	山地、丘陵
	短枝型品种/矮化砧	3～4	2	83～111	平地
梨	普通型品种/乔化砧	4～6	3～5	33～56	
	普通型品种/矮化砧 短枝型品种/乔化砧	3.5～5	2～4	33～95	
桃	普通型品种/乔化砧	4～6	2～4	28～83	
杏	普通型品种/乔化砧	4～6	3～4	28～56	
李	普通型品种/乔化砧	4～6	3～4	28～56	
葡萄	小棚架	3～4	0.5～1	166～444	
	自由扇形、单干双臂	2～2.5	1～2	134～333	
	高宽垂	2.5～3.5	1～2	95～267	
樱桃	大樱桃	4～5	3～4	33～56	
核桃	早实型品种	4～5	3～4	33～56	
	晚实型品种	5～7	4～6	16～33	
板栗	普通型品种/乔化砧	5～7	4～6	16～33	
	短枝型品种/乔化砧	4～5	3～4	33～56	
柿	普通型品种/乔化砧	5～8	3～6	14～44	
枣	普通型品种	4～6	3～5	22～56	
	枣粮间作	8～12	4～6	9～21	
山楂	普通型品种/乔化砧	4～5	3～4	33～56	
石榴	普通型品种	4～5	3～4	33～56	
猕猴桃	"T"形架	3.5～4	2.5～3	55～76	
	大棚架	4	4	42～55	
草莓	普通型品种	025～0.35	0.15～0.18	7000～10000	

（三）定植方式

1.长方形定植

长方形定植是生产上广泛采用的定植方式。特点是行距大于株距，株距一般稍小于或等于冠幅,通风透光良好,便于机械耕作。生产上,果树多采用这种方式。果树定植时,一般以南北行向定植为好,尤其是平地果园,南北行向较东西行向树体受光量大而均匀,果实品质好。

2.正方形定植

正方形定植行距和株距相等。植株呈正方形排列,便于横向、纵向作业管理;但密植时易郁闭,稀植时土地利用不合理,不利于间作和机械化操作。

3.带状定植

带状定植即宽窄行定植,一般双行或3~4行成一带。带内的行距较小,带间距较大,便于带间操作管理。带内通风、透光条件稍差,带间较好。在果树生产上应用较少。

4.三角形定植

三角形定植即相邻行的植株位置相互错开,与隔行植株相对应,相邻3株呈正三角形或等腰三角形。这种定植方式较适宜密植,但生产管理不方便。

5.等高定植

等高定植即同一行树沿着等高线定植,适于山地、丘陵地果园。

6.计划定植

计划定植又称变化定植,为了充分利用土地,一些多年生果树,在幼树时树冠还不大,栽植密度可大些,待果树长大后,果园出现郁闭时进行有计划的间伐。

(四)种苗准备与处理

1.品种核对

栽植前必须对苗木进行品种核对、登记、挂牌,发现差错及时纠正,以免定植混乱。

2.苗木分级

对苗木分级可保证定植后的苗木整齐,整个果园树相整齐,同时还可以剔除弱苗、病苗、伤苗等。对苗木分级的主要参考指标有:根系发达且较完整;地上部生长健壮,整形带内芽体饱满完好;若是嫁接苗,则嫁接口愈合良好;无病虫害。

3.苗木处理

对于远距离运输的苗木,在运输途中可能会失水,应用清水浸根一昼夜。另外,为促进生根,可在定植前用生长素类的生长调节剂蘸根处理。

4.苗木消毒

对于从外地调运的苗木均要进行消毒处理,以减轻病虫害的发生,尤其是检疫性病虫害的扩散。消毒方法主要有以下几种:

(1)杀菌处理。可用3～5波美度的石硫合剂液,或用1:1:100的波尔多液浸苗根系10～20分钟,或用0.1%～0.2%的硫酸铜液浸苗根系5分钟,或用0.1%的氯化汞(升汞)浸苗根系20分钟,再用清水冲洗干净。

(2)灭虫处理。可用氰酸气熏蒸,操作方法:在密闭的屋内,每100m²容积的空间用氰酸钾30g、硫酸45g、水90ml,熏蒸1小时。熏蒸时关好门窗,先将硫酸倒入水中,再将氰酸钾倒入,1小时后打开门窗,待氰酸气散发完毕后,人方能入室取苗。

5.苗木假植

苗木不能立即定植时,应先假植起来。假植方法:在避风、背阴、易排水的地点挖南北向假植沟,深60～80cm,宽100cm,苗干向南倾斜45°放入沟中,将苗干1/3～1/2埋土,使根系与土壤密接,浇透水。

(五)整地技术

1.土壤改良

我国目前主要在山地、丘陵地、沙滩地等理化性质不良的土地上发展果树生产。为达到优质、丰产的栽培目的,就要对园地的土壤进行改良。改良的方法一般有:深翻改土、增施有机肥、种植绿肥等。

2.定点挖穴(沟)

按预定的行株距标出定植点,并以定植点为中心挖定植穴。定植穴的直径和深度一般为0.8～1m,密植果园可挖定植沟,沟的深度和宽度一般为0.8～1m。挖定植穴(沟)时,表土和心土要分开放。定植穴(沟)全部挖好后即可回填土,先将穴(沟)内挖出的表土和部分心土与秸秆、树叶、杂草等有机物混匀填入穴(沟)的下层,边填边踩实,填至距地面30～40cm深度时,再取行间的表土与精细的优质农家有机肥(15～20kg/株)混匀后填入穴(沟)内,填至距地面5～10cm高度,最后浇透水,使穴(沟)内的土壤充分沉实,挖定植穴和回填土最好能在定植前1个月或更早完成。

(六)果树的定植技术

先整理定植穴(沟),将高处铲平,低处填起,并使深度保持约25cm。在穴中间做一个土丘,栽植沟内可培成龟背形的一个小垄,然后拉线核对定植点并打点标记。将苗木放于定植点上,目测对齐行株距,根系要自然舒展,过长根可剪断。一人扶苗,一人填土,保持苗木的根颈部位与地面平行。填土时根系周围要用表土,并且边填土边轻轻抖动苗木,保证根系与土壤密接。填完土后踩实,然后摆好浇水盘浇透水。最后,待水完全下渗后再填一层半干土封穴(可将苗木周围封成一个小土堆,以保护苗木),减少水分蒸发。

(七)定植后管理

果树从一个环境转移到另一个环境,其本身要有一个适应过程,加之根系又受到不同程度的损伤,根系吸收水分和地上部失水的平衡被打破,植株易失水萎蔫,甚至干枯死亡。此外,土壤温度、湿度、盐碱地等对定植缓苗都有影响,春季的低温、多风,夏季的高温、干旱,对定植缓苗都不利,定植后管理就是减轻这些危害,促进缓苗。

1.浇水

果树定植后应及时浇水。

2.中耕除草

待水下渗后,土壤不黏时,应及时进行中耕。中耕是在土壤有水有肥的情况下,进行以疏松土壤为主,兼保水、缓温、增肥效、防病虫等农业措施,对果树而言可促进根的发生和下扎,防止徒长,调节地上部和地下部的生长平衡以及营养生长和生殖生长的平衡。

3.防风、防寒

定植浇水后,土壤较松软,遇大风易倒伏,尤其大型果树,为防风可用支架固定。在北方,秋季定植的幼树,入冬前可以压倒埋土防寒,春季再扒土扶直;也可以培土堆或用农作物秸秆、塑料薄膜等包扎树干。无论哪一种果树,在越冬前灌足封冻水,对于其越冬都是非常有利的。

第三章 果树园艺植物的病虫害与防治

第一节 枯萎病及其防治

一、枯萎病诊断要点

枯萎病通常指由真菌尖孢镰刀菌引起的植株枯萎,果树得了枯萎病时,其叶片从上到下逐渐黄化、枯萎,症状和缺水相似。前期,果树枯萎病通过有效的措施能得到治理,但是当果树整株叶片枯萎下垂时,果树就很难救活了。得了枯萎病的果树,在其根茎的中剖面可以看见维管束变成褐色,当湿度比较大的时候,其病部表面一般出现白色或者粉色的霉层。

二、枯萎病病例——香蕉枯萎病

香蕉是单子叶草本植物,属于芭蕉科芭蕉属的植物,在国内是指香牙蕉、大蕉、粉蕉和龙牙蕉四种类型。香蕉是中国华南地区四大佳果之一,也是世界著名的热带、亚热带水果。除食用外,有些品种具有很好的园艺观赏价值。香蕉枯萎病(图3-1)是一种毁灭性病害,为尖孢镰刀菌古巴专化型侵染引起的土传病,在中国南方数省香蕉产区都有发生,主要有1号和4号小种,1号小种主要为害粉蕉,4号小种为害粉蕉和香蕉,一般减产20%以上,严重的田块甚至绝收。

图3-1　香蕉枯萎病

（一）香蕉枯萎病发病原因

香蕉枯萎病是土传性的维管束病害，带病蕉苗和病土是初侵染源。病原菌由根部侵入香蕉后，经维管束组织向块茎发展扩散，感染部位之维管束组织明显褐化，多有假茎基部向内纵裂、块茎腐烂等现象。高温多雨、土壤酸性、沙壤土、肥力低、土质黏重、排水不良、下层土渗透性差和耕作伤根等因素，导致病害发生。得病的春植蕉一般在6～7月开始发病，8～9月加重，10～11月进入发病高峰。

（二）香蕉枯萎病发生症状

外部症状：成株期病株先在下部叶片及靠外的叶鞘呈现特异的黄色，初期在叶片边缘发生，然后逐步向中肋扩展，与叶片的深绿部分对比显著。也有整片叶子发黄的，感病叶片迅速凋萎，由黄变褐而干枯，其最后一片顶叶往往迟抽出或不能抽出，最后病株枯死。

内部症状：香蕉枯萎病因属于维管束病害，内部症状很明显，在中柱髓部及周围，有黄红色病变的维管束，成斑点状或线条状，越近茎基部病变颜色越深，根部木质导管变为红棕色，并逐渐变成黑褐色而干枯，球茎变成黑褐色并逐渐腐烂，有特殊臭味。

(三)香蕉枯萎病防治方法

严格限制蕉苗和马尼拉麻苗及其所附带的土壤由病区输入,为确保蕉园无枯萎病,应选栽无病蕉苗,基本方法是从没有香蕉枯萎病的地区引种。此外,尽可能选用抗枯萎病的品种。蕉园发现零星病株,要立即连根拔起并把病株斩碎,装入塑料袋内,加入石灰并密封袋口,移出且远离蕉园让其腐烂。为了清除侵染来源,杜绝传播机会,病土处理是一项很重要的措施。增施肥料,开沟排水,增强植株抗病力,平地重病蕉园有条件的可淹水休闲半年或与水稻轮作。对轻病株使用广谱杀菌剂兑水30斤淋灌根茎部,连灌2~3次,间隔3~5天,促进根系生长,强壮植株,为其提供抗病能力。发病中后期喷洒41%聚砹·嘧霉胺800倍液,3~7天用药1次,或把38%恶霜菌酯600倍药液喷到基部叶背。

香蕉枯萎病的病原菌在土壤里面可以残存30年以上,没有任何的农药可以将其根除,所以虽然有一些简单的水稻轮作或者是用一些有机质、土壤的改进方法有效,但那都是局部性的,全面防治还是需要以用抗病的或耐病的品种为主。[1]

第二节 炭疽病及其防治

一、炭疽病诊断要点

炭疽病是果树的重要病害,该病害侵染果树的茎、叶、果实,茎部受害形成椭圆形至梭形凹陷病斑,中央淡褐色,边缘暗褐色;叶片病斑发生于叶尖或叶缘呈半圆形或楔形,发生于叶面上呈长椭圆形或不规则形,病斑中间淡褐色、凹陷、边缘褐色;果实上病斑水渍状,圆形或近圆形,凹陷,引起果实腐烂。果实和叶片上的病斑上多具轮纹状排列的小黑点,潮湿时产生粉红色黏稠物,炭疽病也是许多水果贮运期的重要病害。

①王丽君. 果树病虫害防治手册[M]. 石家庄:河北科学技术出版社,2014.

二、炭疽病病例

（一）柑橘炭疽病

柑橘急性炭疽病（图3-2）对柑橘树危害极大，病情发展非常迅速。一个生长很好、枝叶浓绿的柑橘园，几天后出现大量落叶，尤其是树冠顶部的枝梢落叶更为严重，病叶叶色无光泽、灰暗，像是被热水烫过，叶卷曲，已经落叶的枝梢很快枯死。若是天气潮湿，枯死的枝梢上会产生许多朱红色而带黏性的液点，一个长势很好的柑橘园几天时间就变成一个满树枯枝、满地落叶的果园。

图3-2　柑橘炭疽病

为什么会产生柑橘急性炭疽病？这和该病的病原菌的特性有密切关系。柑橘炭疽病的病原是一种真菌，称为盘长孢状刺盘孢菌。上述病部上出现的小黑点，就是病菌的分生孢子盘。分生孢子成熟时随着一种朱红色的黏液从孢子盘涌出而成液点状。该病菌是属于一种典型的潜伏侵染菌，病菌在嫩叶及幼果期就已经侵入柑橘组织内部。

病菌的第二个特性就是寄生性较弱，即树势健壮的不发生或少发生炭疽病，若树势生长弱，抵抗力下降就会发病严重。其实，那些外表完全无症状，生长浓绿的叶片、幼果的组织内都可能已潜伏着病菌。

炭疽病是否发生决定于外界的环境条件和树体本身的抗病能力，在管理条件好、树势健壮的情况下，处于潜伏状态的炭疽病菌不易繁殖扩展,病害就不会出现。若遇上自然灾害或管理上某一个环节使树体的抵抗力下降,潜伏的病菌就会大量繁殖、蔓延,短时间就会造成病害大发生,这是急性炭疽病发生的主要原因。

1.柑橘炭疽病的症状

(1)叶片症状类型。急性型(叶枯型):症状常从叶尖开始,初为暗绿色,像被开水烫过的样子,病、健部边缘处很不明显,后变为淡黄或黄褐色,叶卷曲,叶片很快脱落。此病从开始到叶片脱落不过是3～5天。叶片已脱落的枝梢很快枯死,并且在病梢上产生许多朱红色而带黏性液点。

慢性型(叶斑型):症状多出现在成长叶片或老叶的叶尖或近叶缘处,圆形或近圆形,稍凹陷。病斑初为黄褐色,后期灰白色,边缘褐色或深褐色,病、健部分界明显。在天气潮湿时,病斑上出现许多朱红色而带黏性的小液点,在干燥条件下,则在病斑上出现黑色小粒点(病菌的分生孢子盘和分生孢子),散生或呈轮纹状排列,病叶脱落较慢。

(2)枝梢受害症状。由梢顶向下枯死:多发生在受过伤的枝梢。初期病部褐色,以后逐渐扩展,终致病梢枯死。枯死部位呈灰白色,病、健部组织分界明显,病部上有许多黑色小粒点。

发生在枝梢中部:从叶柄基部腋芽处或受伤皮层处开始发病,初为淡褐色,椭圆形,后扩展成梭形,稍凹陷,当病斑环割枝梢一周时,其上部枝梢很快全部干枯死亡。

(3)花、果实症状。花:花开后,雌蕊的柱头受害,呈褐色腐烂,引起落花。

果实受害:多从果蒂或其他部位出现褐色病斑。在比较干燥的条件下,果实上病斑病、健部分边缘明显,呈黄褐色至深褐色,稍凹陷,病部果皮革质,病组织只限于果皮层。在空气湿度较大时,果实上病斑呈深褐色,并逐渐扩大,终至全果腐烂,其内部瓢囊也变褐腐烂。幼果期发病,病果腐烂后,失水干枯变成僵果悬挂在树上。在病害的判别过程中,不但要看其病斑,而且要结合环境条件等诸多因素。[1]

---

①赵相燕.柑橘炭疽病综合防治技术[J].云南农业,2016,(8):34-35.

2.柑橘炭疽病防控策略

根据柑橘炭疽病菌具有潜伏性侵染的特性,根据去年病害发生流行情况,结合当前田间病情,防治上应以适时采收、加强栽培管理、注重修剪、及时排灌、增施机肥、均衡施肥、避免偏施氮肥,增强树势、增强树体的抗病能力为主,在做好清园工作的基础上,适时喷药保护,同时防止虫害、冻害、日灼和机械损伤等,使柑橘树势生长健壮整齐,是防治本病的关键措施。

3.柑橘炭疽病防控措施

(1)测报,即根据菌量、品种抗病性、天气和栽培条件等有关因素预见今后一定时期的病情(静态预测)或今后流行发展的变化(动态预测)。不定期进行调查采样,分离病原,做好测报工作。

(2)适时采收。改变果农无限期延长采收期的习惯,在正常成熟期内抓紧采收,及早恢复树势。

(3)清园。改变果农不清园或清园不彻底的习惯,及时、彻底清园,可结合冬春修剪,剪除病虫枯枝,摘除、捡拾落叶、落果,并集中烧毁,铲除病原菌,减少病原菌的积累。

(4)科学修剪。改变果农不修剪的习惯,果园栽植过密,成园后树冠密蔽交叉,加快病虫害的滋生繁殖,且防治难度大,收果后要及时修剪枝条。通过合理、科学修剪,防止树冠郁蔽,使树形呈开窗型以利通风采光,恶化病害的滋生繁殖条件,提高光合作用效率以及果实内含物中有机养分的积累。

(5)均衡施肥。改变果农偏施复合肥、氮肥的习惯,增施充分腐熟的有机肥,减施氮肥,调节树体营养,增强树势,提高抗病力,提高果品质量。

要改变传统农作习惯,重视越冬肥,做到及时、足量施入,此期施肥应达到全年总施肥量40%～60%,以有机肥为主,适量配施速效肥,于采果前后7～10天内施完,每棵树可沟施750g沤熟花生麸和500g速效复合肥(按产量50kg果树计),以保证结果树的树势恢复壮旺,促进花芽分化。

果园树体营养及春梢肥水要管理好,春节前春梢及花芽抽出前10天左右,追施一次速效水肥,用来促春梢及加快春梢老熟,及时恢复树势,增强抗病力。各产区还可根据土壤特性、结合土壤墒情和施肥时期适时翻耕,增施有机肥。

外界的环境条件和树体本身的抗病能力对炭疽病是否爆发有很重要的决定因素,如果每次施肥时,同步在根部淋施优质的有机冲施肥(如邦德首根力壮),能极大程度减少各类病害(例如炭疽症)的发生,并可以活化土壤(尤其是已出现板结症状的地块),促进果树根系向纵深发展,为叶片输送更优质的养分,壮旺树势(尤其对已出现黄化或衰退的果树,根力壮和邦德首叶力壮的复绿复壮效果非常显著)。

(6)排除积水。炭疽病发生偏重的橘园都存在地势低洼、积水多的问题,水田、平地橘园要特别加强排灌渠道建设,以降低湿度,控制病害发生,水田建园最好起垄栽植,平地果园应根据地势挖40cm深纵横交错的排水沟,以有效地防止大水漫灌和台风雨造成的积水危害。

(7)调节剂。改变果农盲目大量使用含量不足、激素过多的叶面肥、保花保果剂的习惯,推行科学使用优质的液肥(如邦德首高钾高钙),并加入鲜露胺鲜酯,或农丰素芸苔素内酯,其对预防炭疽病有极大的功效,并同步保花保果,为丰产打好基础。

(8)喷药防治。改变果农盲目用药、滥用农药、超常用药的不良习惯,变为科学使用农药,预防为主、对症下药,及时、有效、最大限度地杀灭病原菌、控制病害发生和流行。在春、夏、秋梢期各喷1~2次杀菌剂,或在初发病时开始喷药防治,施药间隔10~15天,连续喷药2~3次。可选用甲基硫菌灵800~1000倍液,或真功腐800倍液,或橘病灵1000倍液,或炭疽康1000倍液,病害做到交替使用,7~10天轮换喷施,效果显著。

(二)香蕉炭疽病

1.香蕉炭疽病危害症状

香蕉炭疽病(图3-3)主要危害未成熟或已成熟的果实,也可危害花、叶、主轴及蕉身。有的香蕉染病后,果表散生褐色至黑红色小斑点,不扩大,却向果肉深处扩展致腐烂,发出芳香气味。

图3-3　香蕉炭疽病

2.香蕉炭疽病发病规律

在自然条件下,病菌只产生无性阶段,分生孢子长椭圆形,无色单孢,聚一起时呈粉红色。香蕉炭疽病菌最适生长温度为25℃～30℃,在果上病害发展最适温度为32℃。病菌在田间青果期就可侵染,但是以附着孢侵入并以休眠状态潜伏于青果上,待果实成熟采收后才表现症状。在各蕉类中,香蕉发病最重,大蕉次之,西贡蕉最轻,排水不良、多雨雾的蕉园也较易受害。

3.香蕉炭疽病防治方法

(1)喷药保护。在挂果初期每隔2～3周喷药1次,连喷2～3次,在雨季则应隔周喷药1次,着重喷射果实及附近叶片。常用的杀菌药剂有:40%灭病威500倍;50%多菌灵可湿性粉剂800倍;70%甲基托布津可湿性粉剂800～1000倍;石灰少量式波尔多液。

(2)做好园内卫生。一旦发现病花、病果等时,应及时深埋或烧毁,以清除病原。

(3)适时采果。当果实成熟度达七八成时采果最好,过熟采收易感病。

(4)采果以晴天进行为宜,切忌雨天采果。在采果、包装、贮运过程中要尽量减少或避免果皮机械伤。

(5)果实采后进行防腐保鲜处理,可大大减少发病率。常用的防腐保鲜杀菌剂,为特克多和朴海因等。

(6)对贮运工具和场所应进行消毒处理,果箩和贮运场所可用5%福尔马林喷洒,或用硫磺熏24小时,以消除病源。

(三)荔枝炭疽病

荔枝炭疽病(图3-4)的初侵染源是树上和落到地面的病叶,越冬菌态是病组织内的菌丝体和病叶上的分生孢子。荔枝炭疽病雨水及气流(风)均可传播,而又以雨水传播为主。叶片发病始于4月中旬;4月下旬至5月上旬为发病高峰期;5月下旬至6月上旬为第二次发病高峰期;8月下旬至9月上旬以后,病害发生较轻,即春、夏梢发病重,秋梢发病轻。如8~9月遇阴雨天气,则可能出现第三次高峰期,秋梢也会严重感病。果实于4月下旬开始感病,一般早熟品种发病少,迟熟品种发病较多。

图3-4 荔枝炭疽病

1.荔枝炭疽病症状特征

叶片:叶片上的症状分慢性型和急性型两种。慢性型:叶片病斑多从叶尖开始,亦会从叶缘、叶内发生的,在嫩叶已充分张开,但还未转绿时开始发病。初在叶尖出现黄褐色小病斑,随后迅速向叶基部扩展,呈烫伤病斑。严重时,整个叶片的二分之一至五分之四以上均呈褐色的大斑块,健部和病部界线分明。前期叶面和叶背均为深褐色,健部和病部交界处颜色更深,呈赤褐色至黑褐色,到后期病部叶面为灰色,叶背仍为褐色。叶缘或叶内发病的则呈椭圆或不规则形的病斑。潮湿时,叶背病部生黑色小粒点。严重时,病叶向内纵卷,易脱落。急性型:一般多在未转绿时的嫩叶边缘或叶内开始发病,初为针尖状褐色斑点。后变为黄褐色的椭圆形或不规则形的凹陷病斑,直径为5mm~16mm。初期有不明显轮纹,后期呈黑褐色,病部易破裂。后期叶背病部生深黑色小粒点。嫩梢:顶部先开始呈萎蔫状,然后枯心,病部呈黑褐色,后期整条嫩梢枯死。嫩梢一般发病较少,多在阴雨天气下呈急性型发生,在春、夏梢上有少数嫩梢发病,秋梢很少发生。果实:在幼果直径10mm～15mm时开始发病,先出现黄褐色小点,后呈深褐色,水渍状,健部和病部界线不明显,后期病部生黑色小点。一般只侵染果皮,后期果肉腐烂,味变酸,但这种症状出现较少。

2.荔枝炭疽病发病条件

(1)品种。荔枝品种间的抗病性有较大的差异,严重感病的有五华蛀核荔、桂味、淮枝等;三月红、黑叶、水东等品种则感病较轻。

(2)生育状况。此病一般只侵染一定发育阶段的幼嫩组织,刚抽发的新梢嫩叶和已经成熟的器官都不易侵入。

(3)气候。本病发病温度为13℃～38℃,最适温度为22℃～29℃,在高温、高湿、多雨条件下最易发生。

(4)伤口。荔枝叶片发病一般为慢性型,病斑较大,最长可达150mm以上,一片叶仅留叶基10mm左右绿色。暴风雨、台风及害虫(荔枝熔、介壳虫等)严重使植株产生大量伤口,加快病菌的入侵、传播,病害发生严重。

3.荔枝炭疽病防治方法

(1)加强栽培管理。注意深翻改土,增施磷钾肥和有机肥,切忌偏施氮肥,以增强树势,增强树体本身的抗病力。

(2)消除菌源。冬季彻底清园,剪除病叶、枯梢,集中烧毁。结合防治其他病虫害的经验,喷射一次0.8～1波美度的石硫合剂,春、夏梢发病时,及早剪除病叶、病梢、病果,并喷洒杀菌剂防治。

(3)叶面喷施氨态氮。尿素等氨态氮对病菌苗丝生长和孢子萌发有明显抑制作用,同时叶面喷施氨态氮,增加叶面吸收外源营养,植株叶片浓绿,提高植株生长势,从而增强抗病性。氨态氮肥使用浓度为0.5%～1%,与杀菌剂混合喷洒。

(4)做好防虫工作。

第三节 真菌性斑点病及其防治

一、真菌性斑点病诊断要点

果树局部细胞组织坏死形成斑点或病斑,斑点病大多数发生于叶片和果实。真菌性斑点后期通常会产生霉粉状物或粒点状物等病征,如果一时查无病征,可以将病斑保湿培养24～48小时后检查。病斑形状有疮痂(病斑木栓化、隆起)、圆斑(圆形)、角斑(多角形)、轮斑(坏死组织颜色深浅不一,呈同心轮纹)、胡麻斑(斑点小而多,椭圆形)等;病斑颜色有黑斑、灰斑、黄斑、褐斑等。

二、真菌性斑点病案例

(一)柑橘黑斑病

1.柑橘黑斑病症状识别

主要危害果实,叶片受害较轻。果实被害后症状分黑斑型和黑星型两种。黑斑型:发病初期为淡黄色斑点,后扩大为圆形或不规则形,病斑直径1cm～3cm,中央稍凹陷,上生许多黑色小粒点,危害严重时病斑可覆盖大部分果面,在果实储藏期间会发生腐烂,僵缩如炭状(图3-5)。

黑星型:常发生在接近成熟的果实上,病斑初期为褐色小圆点,后扩大成直径2mm～3mm的圆形黑褐色斑,周围稍隆起,中央凹陷呈灰褐色,其上有许多小黑点,一般只危害果皮,果实上病斑多时会引起落果。

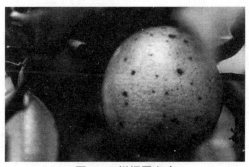

图3-5 柑橘黑斑病

2.柑橘黑斑病发病规律

病菌以子囊壳、菌丝体或分生孢子在病斑上越冬。翌年温、湿度条件适宜时,病菌萌发繁殖,借风雨、昆虫传播。病菌发育温度15℃～38℃,最适温度在25℃左右,高温导致发病。通常在柑橘谢花后1.5个月内侵入幼果,7月底至8月初开始发病,8～10月份为发病高峰期。

春季高温、多雨,晴雨相间的天气发病重,果园管理粗放、受冻、树势衰弱、果实采收过晚导致发病;健壮树、幼树发病轻。柑橘中的橘类,如早橘、本地早、南丰蜜橘、红橘、椪柑,柑类的蕉柑以及柠檬、沙田柚等品种发病较重。

3.柑橘黑斑病防治技术

(1)加强对柑橘树体的土肥水管理,疏松培肥土壤,注意氮、磷、钾肥的配合施用,促进树体健壮生长,增强抗病能力。

(2)对郁闭的果园、树冠,进行间伐或大枝修剪,改善通风透光条件。

(3)冬季进行清园,喷施45%石硫合剂结晶150～200倍液(或1～2波美度石硫合剂),结合剪除病枝、病叶,连同落叶、落果一起清出园外烧毁,以减少病源。

(4)在谢花(落花)后15天第一次喷药,以后每隔15天左右喷药1次,连续3次。药剂可选择以下任意一种:0.5∶0.5∶100波尔多液、50%多菌灵可湿性粉剂600～800倍液、50%甲基硫菌灵可湿性粉剂600倍液、77%氢氧化铜(可杀得、冠菌铜)可湿性粉剂800倍液、70%氧氯化铜(王铜)可湿性粉剂800倍液、80%代森锰锌(大生M-45)可湿性粉剂600倍液、10%苯醚甲环唑(世高)1200倍液。

(5)为防止果实储运中继续发病,果实要规范采收,轻拿轻放,避免产生新伤,运输过程中要防挤伤、擦伤。另外,果实储藏保鲜库内应保持适温5℃～8℃,相对湿度85%～90%,以尽量减轻病害发展。

(二)柑橘疮痂病

柑橘疮痂病是柑橘产区发生普遍、危害严重的一种病害。每年3月下旬,当气温上升至15℃以上和有阴雨时,病菌又开始活动并产生分生孢子。

病菌分生孢子借风雨和昆虫传播,通过伤口或者表皮侵入春梢幼嫩叶片、枝梢、花及幼果中危害,常造成落叶、落果,树势衰退,严重影响柑橘生产。

因此,要及早用药防治,而只有做到科学用药,才能达到事半功倍的效果。

1.柑橘疮痂病危害症状

柑橘疮痂病(图3-6)是柑橘重要病害之一,在全国的柑橘种植区都有发生。此病主要危害新梢幼果,也可危害花萼和花瓣。

图3-6 柑橘疮痂病

受害的叶片初期发生水渍状、黄褐色的圆形小斑点,逐渐扩大,颜色变为蜡黄色,后病斑木质化而凸起,多向叶背面突出而叶面凹陷,叶背面突起呈圆锥形的疮痂,似牛角或漏斗状,表面粗糙。新梢叶片受害严重的早期脱落。

天气潮湿时病斑顶部有一层灰色霉状物。有时很多病斑集合在一起,使叶片畸形弯曲。新梢受害症状与叶片基本相同,但突出部位不如叶片明显,枝梢变短而小、扭曲。

花瓣受害很快脱落。幼果在谢花后不久即可发病,受害的幼果,初生褐色小斑,后扩大在果皮上形成黄褐色、圆锥形、木质化的瘤状突起。严重受害的幼果,病斑密布,引起早期落果。受害较轻的幼果,或成为畸形果。

此病在发病初期易与柑橘溃疡病相混淆,这两种病害在叶片上的症状,主要区别是:溃疡病病斑表里穿破,呈现于叶的两面,病斑较圆,中间稍凹陷,边缘显著隆起,外圈有黄色晕环,中间呈火山口状裂开,病叶不变形。

疮痂病病斑仅呈现于叶的一面,一面凹陷,一面突起,叶片表里不穿破。病斑外围无黄色晕环,病叶常变畸形。柑橘疮痂病是一种真菌引起的病害,其无性阶段被称为柑橘痂圆孢菌。

病菌在病叶、病梢的组织内或新芽鳞苞上越冬,第2年春季阴雨多湿,气温上升到15℃以上时,病菌开始活动,产生无性孢子叫分生孢子,通过风雨或昆虫传播,侵害当年的新梢、嫩叶。

病菌侵入组织内约10天,病部即可产生新的分生孢子,进行再次侵染,危害幼果。如此生长,可反复多次再侵染。疮痂病远距离传播则通过带菌的苗木、接穗进行。

2.柑橘疮痂病发病规律

春季气温上升到15℃以上和多雨高湿时,老病斑产生分生孢子,以风雨或昆虫传到春梢嫩叶、花及幼果上,侵入表皮后,以3~10天潜育期出现新病斑,完成初侵染。

以后又产生分生孢子辗转危害夏、秋梢嫩叶、嫩梢及果实,以菌丝体在病部越冬。发病的最适宜温度为20℃~21℃,气温超过24℃即停止发病。

若在新梢抽生及展叶时,碰上连绵阴雨,或清晨大雾重露,此病易流行。所以温、湿度对疮痂病的发生和流行起决定性作用。

3.柑橘疮痂病防治方法

一是注意用药要适时。防治该病一般要用2~3次药。第1次要掌握在春芽萌动时进行,即芽的长度不超过1厘米长以前,否则容易引起药害。这是保护新梢的关键。第2次施药要掌握在橘树2/3的花瓣脱落时,这是保护幼果的关键。第3次防治可以根据具体情况确定。如6月份有连续梅雨趋势,幼果上病斑仍在发展时,可在6月中旬防治1次。苗木疮痂病主要在各次树梢抽芽前防治。二是注意选用恰当的药剂。目前,防治疮痂病以波尔多液为最好。因为这种药剂杀菌性能好、杀菌面广,黏着力强,不易为雨水淋洗,残效长。但其缺点是容易诱发锈壁虱。因此,除第1次外,第2～3次喷药,在锈壁虱危害严重的地方可用多菌灵、托布津等农药代替。三是注意每次防治的药剂浓度。防治柑橘疮痂病,第1次防治可用0.5%～0.8%的波尔多液,配制时取硫酸铜、生石灰各250g～400g,加水50kg;第2、3次为0.3%～0.5%的波尔多液,配制时取硫酸铜、生石灰各150g～250g,加水50kg。或用50%多菌灵可生粉剂1000倍液进行防治。

另外,也可用50%托布津可湿性粉剂500～800倍液,或70%甲基托布津可湿性粉剂1000～1500倍液进行防治。[①]

(三)柑橘砂皮病

柑橘砂皮病(图3-7),学名柑橘树脂病,发生在柑橘主干上被称为流胶病,发生在枝条上被称为干枯病,发生在叶片上被称为脂斑病,发生在果实表面被称为砂皮病。

图3-7　柑橘砂皮病

1.柑橘砂皮病病原

柑橘砂皮病属于真菌病害,病原分有性世代和无性世代;有性世代属球壳菌目的间座壳属,无性世代属球壳孢目的拟茎点霉属。病原菌主要以无性世代的菌丝、分生孢子器和分生孢子在病树组织里越冬;菌丝生长的适宜温度为10℃～35℃,最适温度为20℃;分生孢子萌芽温度为5℃～35℃,最适温度为15℃～25℃;菌丝从伤口侵入,向韧皮部、木质部蔓延,形成流胶或干枯型病斑,病斑产生大量分生孢子,形成再侵染源,分生孢子借

①张利平.柑橘疮痂病研究进展[J].浙江柑橘,2015,32,(3):30-32.

风雨、昆虫传播,侵染柑橘果皮等幼嫩组织,果皮细胞产生保卫反应,形成胶质小黑点(砂皮)。

2.柑橘砂皮病危害症状

4月底至5月初柑橘谢花后,柑橘砂皮病的菌丝或分生孢子开始侵染果面,被侵染的果皮初期出现针尖大小的水渍状小点,随着时间推移,果实长大,病斑逐渐增多、长大,颜色变深,7～8月颜色变褐,柑橘成熟时病斑颜色变黑。发病较轻的果面出现许多小黑点,影响果实商品价值;发病较重的果面布满黑点,严重影响果实商品价值;发病严重者黑点连成一片或形成黑斑,果实失去商品价值。

3.柑橘砂皮病影响因素

(1)伤口数量。柑橘砂皮病病原菌属弱寄生菌,只能从柑橘的伤口(机械伤口、冻伤及其他原因引起的伤口)侵入,植株伤口的多少是砂皮病发生的首要条件。

(2)雨水。柑橘砂皮病病原菌的分生孢子主要借风雨传播。雨水的配合也是砂皮病流行的重要条件,因而砂皮病主要在雨季发生、流行,旱季则不发生。

(3)温度。适宜的温度也是柑橘砂皮病发生、流行的重要条件。砂皮病病原菌菌丝生长的最适温度为20℃;分生孢子萌芽最适温度为15℃～25℃。在适宜的温度条件下,如果柑橘植株伤口多,加上雨水配合,砂皮病就会爆发。

(4)其他条件。不良的栽培管理,如肥水不足、偏施氮肥、修剪不到位、果园郁闭、通风透光不良、植株生长衰弱、用药不及时等均会加重砂皮病的发生、流行。

4.柑橘砂皮病防治措施

(1)农业防治。要有效防止、控制柑橘砂皮病的发生、流行,首先要加强橘园栽培管理,培育健壮树势,减少侵染源,增强树体对病原菌侵染的抵抗力。

合理施肥:改变不良施肥习惯,应根据不同柑橘品种及生育期对肥水需求的差异合理施肥;切忌偏施氮肥,注重氮、磷、钾肥的合理搭配;适时补充钙、镁、铁、锌、硼等中、微量元素;注重橘园有机质的补充;保持土壤疏松透气,改善根系生长环境。

合理修剪:橘园修剪是一项很重要的工作,只有加强橘园修剪,改变橘园拥挤、郁闭的状况,改善橘园通风透光条件,培育合理的枝、叶结构,橘树生长才会健壮、充实,才能增强橘树的抗病能力,减轻柑橘砂皮病的发生。修剪过程中,橘农应克服惜剪的心理,必须将行与行、树与树交叉重叠的部分剪除,保持树与树之间至少50cm内无交叉枝叶;树冠内部保留3~4个主枝、若干副主枝及小枝,将多余的枝条剪掉,以阳光从正上方照射时地面出现星星点点的光斑为宜;将修剪后的枝叶移出橘园烧毁,减少侵染源。

减少植株伤口:加强对橘园红蜘蛛、介壳虫、潜叶蛾、凤蝶、疮痂病、溃疡病等病虫害的防治,减少植株伤口,阻断病原菌侵染,可有效减少橘园砂皮病的发生。

(2)化学防治。柑橘砂皮病的防治应坚持预防为主、治疗为辅的原则。采果后,用0.5%石灰倍量式波尔多液或0.2~0.3°Bé石硫合剂清园,消灭越冬侵染源;冬春修剪后及时对较大伤口涂抹杀菌剂,阻断病菌侵染途径;4月上中旬春梢萌发期,用70%甲基托布津1000倍液+咪鲜胺1000~1500倍液喷雾;5月上旬柑橘谢花及幼果期,用大生M-300倍液+10%苯醚甲环唑2000倍液喷雾;5月下旬幼果期,用80%代森锰锌500~600倍液+25%吡唑醚菌酯1500~2000倍液喷雾;6月上中旬,用80%代森锰锌500~600倍液+43%戊唑醇1000~1500倍液喷雾;9月中下旬,用80%代森锰锌500~600倍液+40%氟硅唑3000~4000倍液喷雾。

药剂防治时,切记5月上旬及下旬是防治关键期,此时温度适宜、雨水多,如果病原菌多,防控不及时,会引起砂皮病的爆发、流行。因此,必须及时喷药,喷药后4小时内降雨,则必须补喷。砂皮病发生较重的橘园,全年需喷药6次;发病较轻的园,在5月防治2次即可。

(四)香蕉黑星病

1.香蕉黑星病的病害症状

香蕉黑星病(图3-8)又称黑痣病、黑斑病、雀斑病等,主要危害叶片和青果。

叶片受害症状。叶片感病后,在叶片中脉产生许多散生突起的粗糙小黑点,随后黑点不断扩散布满整张叶片,最终植物组织黄化,在侧脉形成黑褐色坏死条斑,严重时整张叶片枯死。随着病情加重,中上部叶片先后发病至各叶片变黄枯萎。老叶比新叶易感病,感病后病叶提早凋谢,且青叶数减少而影响产量。

果实受害症状。当果穗感病时,病斑由果轴向果柄发展至果实内弯,同一梳果排比外排果严重。起初仅在果皮上出现许多小黑粒,后期病斑遍布整个果实。果实成熟时,在病斑周围形成褐色圆形小斑,中部组织腐烂下陷,且果实不能均匀一致地黄熟,一些老而大的病斑,还易木栓化爆裂,使香蕉果皮组织大片坏死。

图3-8　香蕉黑星病

2.香蕉黑星病的病原传播与发病特点

(1)香蕉黑星病的病原及传播特点。黑星病由半知菌亚门、球壳孢目香蕉大茎点霉菌侵染所致。病菌以菌丝体和分生孢子器在病叶、果实和病残体上越冬,并以此为初侵染源。病菌的传播主要是通过雨水溅射,把病叶上的分生孢子传到健康的叶与果实上。分生孢子萌发形成分生孢子萌发形成分生孢子器(小黑粒),当露水与雨水流动时病菌随水流动传染。因此,香蕉黑星病在雨、露多的4～10月发病较重。

（2）香蕉黑星病的发病特点。每年温暖高湿、雨水较多的夏秋季为该病的重发期，一般5月底至6月初、8月底至9月初为发病高峰期。且以地势低洼、积水、园内湿度高、施过量氮肥的蕉园发病较重。

3.香蕉黑星病的防治方法

香蕉黑星病的防治要贯彻"预防为主、综合防治"的方针，选用抗病虫品种，加强栽培管理，科学施肥，营造良好的土壤环境，提高香蕉的抗逆性，增强香蕉的抗病力，合理使用农药，有效控制病虫害的发生。

（1）香蕉黑星病的农业防治

选用抗病品种：选用大蕉、巴西香蕉、威廉斯系列品种等抗病良种，并按一定年限更换品种，以延缓品种的感病性。

清园：冬季彻底清除病、枯叶和地面病残体，并用40%的硫悬浮剂500倍液，或45%石硫合剂结晶250倍液喷雾消灭越冬菌虫源。在香蕉生长期间，割除基部带病残叶并带出果园外烧毁或深埋，保持园地清洁，增加果园的通风透光性，减少重复侵染。

科学施肥：若长期偏施氮肥，易使香蕉抗性降低，影响产量与品质。因此，增施有机肥和磷、钾肥可提高香蕉抗病力，使其高产优质。

适时套袋保果：断蕾后喷药，用浅蓝色塑料薄膜袋套住果穗，有条件可用牛皮纸或旧报纸先包好果穗再套袋，并把袋上部连同果轴一起扎紧，以防雨水将病菌传给蕉果，可有效减少病虫危害果穗，防冻、日灼和机械摩擦损伤，特别是防止黑星病的发生，使果实色泽美观。套袋还可提早15天收获，果穗增重10%～15%，从而提高产量和品质。

合理密植，改善通风透光条件：充分利用土地资源和光能优势，提高单位面积产量和商品果质量。一般巴西香蕉种植密度为2250～2550株/hm^2，威廉斯系列品种为2400～2700株/hm^{2}为宜。

（2）香蕉黑星病的化学防治

由于蕉农长期使用多菌灵、甲基托布津等药剂，香蕉黑星病对此类药剂的抗药性大大提高，防效下降。在保护好新叶和幼果的情况下，选用25%凯润（吡唑醚菌醋）乳油1500倍液，或12.5%特谱灵（烯唑醇）可湿性粉剂1000倍液，或40%贵星（氟硅唑）乳油5000倍液，或5%叶秀（己唑醇)悬浮剂1000倍液,或12%菌枯(腈菌唑)乳油750倍液等药剂于春、秋易发病季节,或在台风过后及时用药进行喷雾防治,每隔10～15天喷1次,连喷2～3次。

在蕉蕾抽出、果梳苞片脱落、蕉果条散开时,喷75%达科宁(百菌清)800～1000倍液+乐果1000倍液+20%福佑灵液剂(微晶蜡)500倍加适量的拉长素营养剂混合液断蕾后,蕉梳向上弯曲时,再喷1次25%势克乳油2000倍液+20%福佑灵500倍液+乐果1000倍混合液护果防病虫。

(五)香蕉灰纹病

香蕉灰纹病(图3-9)是其中常见的一种病害,该病主要危害叶片,能够导致植株早衰,从而影响果实产量。

图3-9　香蕉灰纹病

1.香蕉灰纹病症状

本病属真菌性病害,由香蕉暗双孢菌引起。病菌分生孢子梗褐色,有分隔,大小为30～97μm×3～7μm。分生孢子多为双胞,少数单胞,无色,短瓜子形,大小为10～16μm×7～10μm。叶片受害从叶缘开始,病斑呈椭圆形或沿叶缘成不规则形,暗褐色或灰褐色,斑边黑褐色。新病斑周围呈水渍状,并逐渐发展成大褐斑,外缘有明显的橙黄色晕圈,病斑常互相连接。病斑中央有不清晰的淡褐色轮纹,病部叶背着生灰褐色霉状物。叶鞘受害状与叶相似,但假茎受害后软化,果轴易折断。

2.香蕉灰纹病发病条件

香蕉灰纹病的发生与高温多雨的气候条件有关,每年3~4月开始发病,并在6~7月的高温多雨季节进入盛发期。台风过后,病情加重。管理不周、病原潜存量大、氮多钾少时发病较重,且多年生蕉园比一年生蕉园发病重。

3.香蕉灰纹病发病规律

病菌主要以菌丝在寄主病斑或病株残体上越冬,叶斑病的初侵染源来自田间病叶。春季,越冬的病原菌产生大量分生孢子,随风雨传播。每年4~5月初见发病,6~7月高温多雨季节病害盛发,9月后病情加重,枯死的叶片骤增。发病严重程度与当年的降雨量、雾露天数关系密切;种植密度过大、偏施氮肥、排水不良的蕉园发病严重,矮秆品种的抗病性较差。

4.香蕉灰纹病防治方法

(1)加强栽培管理,增施有机肥,合理排灌,及时摘除病叶。

(2)每年立春前清除蕉园的病叶、枯叶并烧毁,减少初侵染源。在香蕉生长期最好每月清除病叶一次。

(3)控制种植密度。多施钾肥、磷肥,不偏施氮肥;雨季及时排水,降低蕉园小环境的湿度。

(4)喷药防治。香蕉产区应于4、5、6月各喷1次1∶0.8~1∶100少量式波尔多液,每亩150~200升,此外,喷45%甲基硫菌灵悬浮剂800倍液、50%的万霉强敌800倍液。隔10天左右1次,防治2~3次。

第四节 线虫病及其防治

一、线虫病诊断要点

果树线虫病的诊断主要依据症状观察和病原线虫分离鉴定,果树线虫病地上部植株表现的症状主要是生长衰退。症状类型有生长不良、矮化、褪绿、黄化、畸形、落叶、萎蔫和枯死等；根部症状多数有特异性，如根结或根瘤、粗短根和根伤痕等，这些症状与特定的线虫种类有关。有些症状是非特异性的，例如生长衰退和根腐。这些症状与其他病原引起的症状难以区别。因此，果树线虫病害的诊断除了需要症状诊断外，对大多数果树线虫病的确诊还必须观察线虫的侵染状况和进行病原线虫的分离鉴定。

侵染果树的线虫大量存在于病树根内和土壤中，这些线虫是果树产生"重植病"的病原，病果树被砍伐、挖除后重新种植的树苗会发生相同病害。

二、线虫病病例

（一）柑橘慢衰病

半穿刺线虫是世界性的柑橘病原线虫，其寄主植物为芸香科橘属植物，其他寄主植物有葡萄、橄榄、枇杷、梨、柿等，我国四川省有些柑橘园病株率高达99%，被侵害的幼柠檬树和橙子树与未被侵染的果树相比，其果实减产30%～50%。

1.柑橘半穿刺线虫

半穿刺线虫又称柑橘线虫或柑橘根线虫，是引起柑橘慢衰病（图3-10）的重要病害，该虫为定居型、半内寄生害虫，柑橘营养根受雌虫严重侵害后，植株的抗逆能力减弱、不耐干旱，对土壤中养分的吸收能力减退，导致地面上部植株生长不良，叶片退绿变小，落叶秃枝，树势衰弱，果实变小，产量变低。

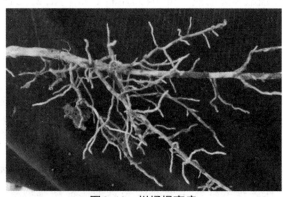

图3-10　柑橘慢衰病

2.柑橘根线虫的危害症状及传播途径

柑橘根线虫主要为害根部，表现为"脏根"，根系短、粗、扭曲，营养根甚少甚至没有。病原线虫寄生在根皮与中柱之间，致根组织过度生长，形成大小不等的根瘤，新生根瘤乳白色，后变黄褐色至黑褐色，根瘤多长在细根上，染病严重的产生次生根瘤及大量小根，致根系盘结，形成须根团，老根瘤多腐烂，病根坏死。

根系受害后，树冠出现枝梢短弱、叶片变小、着果率降低、果实小、叶片似缺素、生长衰退等症状，根受害严重的叶片黄化，叶缘卷曲或花多，无光泽，似缺水，后致叶片干枯脱落或枝条枯萎乃至全株死亡。

该虫主要分布在福建、湖北、四川、江西、贵州、广西、云南、湖南、广东等地，根据各地的样本数据显示，柑橘根线虫危害普遍严重。柑橘根结线虫在柑橘产区可以顺利越冬，以土壤中二龄幼虫、根上的各龄幼虫、雌虫（包括未成熟雌虫）及卵囊越冬，春季新根发生时侵入，世代不整齐，生长期种群数量发展快。主要传播途径为线虫自身移动、农事活动、水流，苗木携带是最重要的传播途径。柑橘衰退过程与其发展年限、线虫数量、柑橘品种、植株长势及生长环境等因素密切相关。健康的植株可维持较大种群密度的线虫且看不出明显症状，一旦栽培环境与生长条件不适合柑橘生长，柑橘半穿刺线虫对植株的生长影响明显。携带线虫的苗木带入新区后，病株一般要在3~5年后才表现出明显的黄花症状，并零星地分布于正常植株中，影响正常植株，导致黄化扩散现象出现。

3.柑橘慢衰病的生态防治与病果园生态修复技术

当前，柑橘慢衰病防治方面存在着诸多问题，主要集中在以下几点：一是缺乏认识。在实际种植生产中，不少种植户对柑橘慢衰病辨别缺乏认知，建议相关部门和媒体宣传和科普关于柑橘慢衰病的相关知识，让种植户更清楚和直观地了解该病的发生情况和防控措施。二是不易诊断。柑橘黄龙病与慢衰病容易混淆，辨别者不易区分，辨别不当容易导致大量砍伐，当出现混合病害发生时，建议找专业检测部门进行实验分析，这样可减少经济损失及再种植物病害的发生。三是忽视防治。柑橘慢衰病可防可治，但一些种植者疏忽大意，容易错过防治机会，在园内发生病害时应引起重视,及时找出正确病症,科学防治。

柑橘慢衰病的发生程度与果园的管理、线虫种群的密度、土壤质地等因素密切相关。应建立以柑橘根系土壤微生态调控为中心的综合防治技术,从而达到控制病害发生和病果园修复的综合防控目标。为了控制该病的扩散和危害,提出以下参考性防治措施:一是培育和种植无病种苗,在发病果园的原始土壤中培育无病柑橘苗,未侵染的土壤可以种植或重植未感染的苗木。二是做好果园管理,促进根系健康生长,病树在春梢萌发前进行恢复性治疗,扩穴和挖除烂根,植入干净土壤,增施有机肥,改变和优化土壤结构。三是以虾、蟹、贝类壳等海产废弃物为土壤调节剂,促进食线虫微生物自然种群。四是柑橘慢衰病的治疗,必须从提高树势入手,建议施用微生物杀线虫剂或生物有机肥等,从而抑制线虫生长繁殖,以此来减少线虫的种群。五是预防扩散,严禁从病区购买和调运柑橘种苗;病果园要配备专用农具和鞋袜,严禁将未经清洗的在病果园穿过的鞋袜和使用过的农具带入健康果园。[①]

(二)香蕉根结线虫病

香蕉根结线虫病(图3-11)是香蕉的重要病害之一,近年来,随着香蕉组培苗工厂化生产的迅速发展,香蕉种植面积不断扩大,复种指数不断增加。大棚营养袋苗土带病,苗期发病早,受害严重,移栽时直接把线虫带入大田,导致香蕉根结线虫病普遍发生,发病率一般达20%~30%,严重的达60%以上,减产40%~60%;苗期发病则严重影响出圃率,对香蕉生产造成严重威胁。

1.香蕉根结线虫病症状

香蕉根结线虫主要危害香蕉根部,在细根上形成大小不一的根瘤(根结),在粗根末端膨大呈鼓槌状或长弯曲状,须根少,黑褐色,严重时表皮腐烂。切开病根可镜检到白色、褐色的梨形雌虫和充满卵粒的胶质卵囊,受侵部位形成巨型细胞,韧皮部大量组织坏死,木质部特别膨大,导管阻塞。地上部初期症状不明显,一般表现为叶黄,植株矮小,似缺水缺肥状,后期严重者叶片黄化、枯萎,抽蕾困难,果实瘦小,植株早衰。

---

①洪彩凤.柑橘慢衰病诊断与微生态治理[D].福州:福建农林大学,2008.

图3-11 香蕉根结线虫病

2.香蕉根结线虫病病原及寄主

香蕉根结线虫病由根结线虫属的多种线虫寄生所致,其中以南方根结线虫和爪哇根结线虫为优势种群,在各香蕉产区均有分布。香蕉根结线虫的寄主范围很广,除香蕉外,还侵染柑橘、西瓜、黄瓜、茄子、番茄和芹菜等多种作物。

3.香蕉根结线虫病发病规律

(1)侵染循环。香蕉根结线虫主要以卵、2龄幼虫及雌虫在土壤和病根内越冬,以2龄幼虫侵染香蕉嫩根,寄生于根部皮层与中柱之间,刺激细胞过度生长和分裂,致使根部形成大小不等的根结。幼虫在根内发育成3、4龄幼虫和雌、雄成虫,成熟雌虫将卵产到露在根外的胶质卵囊中,卵囊遇水破裂,卵粒散落到土壤中,成为再侵染源。病苗和病土是远距离传播的主要途径,水流是近距离传播的重要媒介,带病肥料、农具以及人畜活动等亦是传病要素。

(2)发病条件。香蕉根结线虫病的发生与土壤质地、温度、湿度、前作、香蕉生长期和栽培管理水平等有很大关系。一般沙质土比黏质土发病重;温度25℃~30℃、土壤湿度40%~60%病害发生重;前作是番茄、黄瓜、西瓜等感病作物的发病重,前作是水稻、玉米的发病轻;香蕉苗期发病重,成株期发病轻;果园管理粗放,植株抗、耐病能力差,发病重。

4.香蕉根结线虫病防治措施

(1)培育无病苗是防治香蕉根结线虫病的关键环节。香蕉组培苗工厂化生产后,需进行大棚营养袋育苗方可移植大田,选用无病土、晒干土或用杀线虫剂消毒处理的土装袋育苗可减少苗期发病,防止病害扩散到大田。

(2)轮作与晒土。与水稻进行水旱轮作能有效减少土壤中线虫基数。在种植香蕉时,提前一两个月翻耕土壤,把含线虫土层翻至表面,日晒风干,可大量杀死线虫,减轻发病。

(3)加强田间管理。及时清除病残根,减少虫源;增施有机肥和合理灌溉,促进新根生长,增强植株抗病和耐病能力。

(4)药剂防治。及时施用杀线虫剂是控制香蕉根结线虫的有效方法,可用3%米乐尔颗粒剂45~60kg/hm²或10%益舒宝颗粒剂45~60kg/hm²等,拌土撒施、沟施或穴施。

(5)在蕉园内混种驱线虫植物。如种植万寿菊、紫花苜蓿等,能有效减少根结线虫的群体数量。

(三)番石榴根结线虫病

1.番石榴根结线虫病症状

番石榴根结线虫病(图3-12)在苗期极少显症,主要在种植半年之后出现病症。发病较重的果苗,叶色萎黄、叶片稀少、生长缓慢,冬天整株叶片呈紫红色。病株根系肿胀呈鸡爪状、表皮变为褐色,主根逐渐肿大腐烂,须根上生出大小不一的肿瘤,吸收根(白根)可见细小如针头大的侵入点,最后整个根系腐烂,失去生命力,地上部分随即枯死。高温时症状最明显,干旱时病情更加严重,重病番石榴植株严重矮化、叶片发黄下垂甚至枯死。发病的作物根系自下而上布满"根瘤",即虫瘿。剖开虫瘿,可见大大小小的根线虫,虫体呈乳白色蛔虫状,长2mm~5mm×0.01mm~0.02mm,肉眼可见。

图3-12　番石榴根结线虫病

2.番石榴根结线虫发病规律

　　初侵染源为带根结线虫果苗,苗圃中的果苗虽然地上部生长正常,但根部有许多瘤状物,同时能发现细小的线虫。刚孵化出的幼虫可在土壤中作短距离移动,然后再侵入植株根部,在取食植物根汁液过程中分泌激素,刺激根部细胞形成"根瘤",其内的幼虫发育为成虫后,即行交配、产卵,不断地繁殖。耕作时人员、农具以及灌、排水将虫土转移。所以在坡地种植的果苗,往往山脚发病重于山顶;栽培管理措施好、肥水供应充足均匀、植株生长健壮的发病较轻,反之发病重;干旱高温季节发病也较重。

3.番石榴根结线虫防治方法

（1）番石榴根结线虫的农业防治。栽培措施得当,植株长势好,对病虫害抵抗能力强,即使有根线虫侵入,也不容易显示症状,地上部分生长正常。因此第一年应加强肥水管理,勤施、薄施水、肥,每月坚持施用腐熟的粪水或花生麸、菜籽饼、咸鱼等2次,重施有机肥,干旱季节经常淋水,保持根部湿润。投产果园重施钾肥增强植株抗逆性。同时结合喷施农药进行叶面追肥,常用的叶面肥有丰产素、生物钾、磷酸二氢钾等。

（2）番石榴根结线虫的化学防治。番石榴根结线虫病采用以下措施即可达到非常好的防治效果,在选用化学药剂的时候要杜绝施用国家明令禁止的高度药物,如呋喃丹等,选用环保又安全的生物药剂既不用担心有药害,也不用担心土壤有残留,使用放心又方便。

种苗处理:移栽前集中对种苗进行杀虫灭菌处理,把病虫害数量降到最低限度,可用线必治150～200ml一桶水（15kg）与其他杀菌剂混合喷施,待4天后移栽到大田。对于发病症状比较明显的,应重点处理。

土壤处理:种植回穴前,在穴边撒施0.2～0.3kg石灰粉,每株用线必治800倍液淋施,尽可能施在番石榴根系周围,保证抽出的新根不再感染根线虫。

大田显病苗处理:大田种植一段时间后,若发现嫩芽变黑、干枯、叶色变黄,就必须采取措施,控制其发展。番石榴根部受害失去吸收功能后,树头与土壤接触处极易萌发新根,因此应保护萌发的新根不再被根结线虫感染。具体做法是:翻开树头周围的土壤,锄至见到有根为止,尽量不要伤新根,在树干周围用线必治800倍液灌根至土壤浇透,然后回土,培高至约高出原来3cm。经常淋水肥,让新根快速生长,同时在这些树没有恢复生长之前不能留果。

第五节　药害及其防治

一、果树药害的发生原因

（一）药剂的剂型及特性

现在常见的农药剂型有粉剂、可湿性粉剂、悬浮剂、干悬浮剂、粒剂等。农药的剂型不同引起药害的轻重程度也不同，乳粉及颗粒剂相对安全，油剂、乳化剂比较容易产生药害，可湿性粉剂次之。一般情况下，微生物药剂对果树最安全，水溶性强、分子小的无机药剂如铜、硫制剂最易产生药害，水溶性弱的药剂则相对比较安全。

（二）树种、品种

桃、杏、李和樱桃等核果类果树抗药力比较弱，苹果、梨、核桃、板栗和枣抗药力较强。对熟石灰敏感的树种是葡萄，对铜离子比较敏感的树种是苹果、梨、桃、杏、李和樱桃。在生长季节，禁止在桃、杏、李等核果类果树上使用石硫合剂和波尔多液。在梨、苹果（尤其是金冠）、山楂、柿等树种上使用石灰量低于倍量式的波尔多液时比较容易产生药害，在葡萄上使用石灰量高于等量式的波尔多液时也容易产生药害。使用药液稀释倍数在1000倍以下的45%代森铵时，苹果、梨树极易产生药害，苹果品种以富士、秦冠、松本锦、美国8号等较轻，金冠、乔纳金较重；梨品种以鸭梨药害较重，雪花梨、明月梨次之。

（三）药剂施用方法

1.用药浓度过高

有的果农为了省工，一次同时喷多种药剂，导致药液浓度过高，如果是在果树生长前期喷药，幼嫩组织很容易发生药害。喷药时要根据防治对象和农药性能，选择适当的农药、合适的药液浓度进行喷洒。另外，生产中果农对植物生长调节剂（多效唑、赤霉素等）的施用浓度一般偏高，因这种药剂施用量较少，配制药液时浓度不好掌握，结果造成了落花、落果,甚至对第2年的花芽分化也造成了影响。由于病虫害产生抗药性,用药浓度越来越高,也会发生药害。

2.药剂溶化不好,混用不当

乐果、代森锌、福美双等不能与碱性的石硫合剂、波尔多液混合使用,因为这些药剂在碱性条件下容易分解。波尔多液与石硫合剂混合,就会产生多硫化铜,增加可溶性的铜离子,易发生药害。在配制波尔多液时,如果采用潮解的生石灰也会发生药害。

3.喷药时间不合理

温、湿度都较高的夏季,是药害易发期。应避免在烈日当头的中午施药,此时气温高,如果喷药,极易出现药害。

4.环境条件不好

果树的叶、花、果在雨天或潮湿天气里表面湿度较大,药液容易渗入植物体。气温过高,果树代谢能力强,抵抗能力差;过于干旱,药液吸收快;傍晚,由于温度较低,药液易长时间积存于叶、花、果表面,喷药后均有可能发生药害。在有风天喷洒除草剂的时候,也易发生"飘移药害"的现象。

二、果树药害补救措施

(一)喷水和灌水

如发现及时,为稀释和洗掉黏附于叶、花、果及枝干上的农药,降低树体内的农药含量,应立即喷水,冲洗受害植株2~3次。防治天牛、吉丁虫、木蠹蛾等蛀干类害虫时,用药浓度比较高,一旦发生药害,要立即自树干上虫孔处向树体注入大量清水,并使其向外流水,压力不足要采取加压措施,以稀释农药。如为酸性农药药害,为加速农药的分解,可在所注水中混合适量的生石灰;如是内吸性药剂或土壤处理药剂错用导致药害,可用田间大水进行漫灌并排水处理土壤,灌排结束后要及时中耕松土。上述措施采用越早,补救效果越好。

(二)喷药中和

药害使叶片白化时,可用粒状的50%腐殖酸钠配成5000倍液进行灌溉,也可采用将50%腐殖酸钠配成3000倍液进行叶面喷雾,3~5天后叶片会逐渐转绿。如果施用石硫合剂产生药害,可先水洗,然后再喷洒400~500倍的米醋溶液,可减轻药害;若是波尔多液中的铜离子发生药害,可喷0.5%~1%石灰水消除药害;若是因为错误使用或过量使用有机磷、菊酯类、氨基甲酯类等农药而使果树发生药害,可喷洒0.5%~1%的石灰水、洗衣粉液、肥皂水、洗洁精水等,尤以喷洒碳酸氢铵溶液效果最好,因为其不但解毒,而且相当于对果树进行根外追肥。

(三)修剪

果树发生药害后,要注意观察树体生长状况,适时适量地进行修剪。为了尽快恢复受害树体长势,增强营养生长能力,增强抗病能力,要依树势情况疏除部分果实。还要将枯死的叶、花、果摘除干净,剪除枯枝,并进行清园,以免枯死部分蔓延或受病菌侵染而引起更严重的病害。

(四)中耕松土

果树一旦发生药害,要及时对园地进行中耕松土(深度10cm~15cm),并及时清除杂草,避免与受害果树争水、争肥。还要对根干进行人工培土,并适当增施磷、钾肥。通过以上措施来改善土壤的通透性,促使根系发育,增强树体自身的恢复能力。

(五)追肥

果树遭受药害后,生长发育受到影响,长势也会衰弱下来,为促使受害果树尽快恢复长势,必须及时进行追肥(氮、磷、钾等化肥或稀薄人粪尿)。若药害为碱性农药引起,可追施硫酸铵等酸性化肥;若药害为酸性农药造成,药害重的用1%的漂白粉液进行叶面喷施,轻的可在土壤表面撒施一些草木灰、生石灰。无论发生何种药害,为减轻药害影响,可用植物动力2003稀释成1000倍液进行叶面喷施,或用0.3%的尿素和0.2%磷酸二氢钾混合液叶面喷施。喷施时要每隔15~17天喷1次,连喷2~3次。对于叶面出现的病斑、叶缘出现焦枯或植株出现黄化等症状的药害,可根据土壤肥力状况及果树长势情况,结合中耕松土除草进行追肥。果园施肥时,667m²施尿素5~12kg,并适当增施磷钾肥。中耕松土除草和施肥相结合,通过改善土壤的通透性和水肥条件促进根系发育,增强树体长势及抗药能力。[①]

①孔涛. 如何做好果树、蔬菜园艺作物药害的补救措施[J]. 农家科技(下旬刊),2018,(2),111.

第四章 苹果树的栽培技术

第一节 苹果树的主要种类和品种

苹果属蔷薇科,苹果亚科,苹果属。全世界约有苹果属植物35种,原产我国的种有22个、亚种1个、变种11个、变型5个。其中有的是重要栽培种,有的可供砧木用,有的则为观赏植物。

一、苹果树主要种类

(一)苹果

现在世界上栽培的苹果品种,绝大部分属于这个种或本种和其他种的杂交种。我国原产的绵苹果和引入的栽培品种都属于这个种。本种有许多变种,生产上有价值的主要有以下三个:

1.道生苹果

道生苹果在世界各地都有分布,是被广泛应用的矮化或半矮化砧木,其冠高5m~6m,枝干易生不定根,可用分株、压条、扦插等方法繁殖。

2.乐园苹果

乐园苹果非常矮,只有2m左右,可以用分株、压条、扦插的方法进行繁殖。乐园苹果也可以作为苹果的矮化砧木和矮化砧育种材料。

3.红肉苹果

红肉苹果的特点是其叶、木质部、果肉和种子都含有红色素,通俗来说,红肉苹果从里到外都是红色的,例如新疆叶城的甜红肉、酸红肉,伊犁的沙衣拉木,辽宁北部的红心子即属此变种,红肉苹果可以作为培育红肉品种的原始材料,也可以作为苹果的砧木。

（二）花红

花红一般被称为沙果,别名林檎、花红果、奈子、白果等,它起源于我国西北,分布在华北、黄河流域、长江流域及西南各省(区),以西北、华北最多。花红属于落叶小乔木,一般高4m～7m,其分枝低、角度大,树冠开张,枝条披散或下垂。花红的果实呈扁圆形,颜色为黄色或满红,果点分布不密集,一般有20～40g重,果心在靠近顶端的位置,开花后萼片不会脱落,一直保存到果实成熟,其果梗较短。花红一般于7～8月份成熟,可以直接生食也可以对其进行加工,但是花红不能长期存放或进行远距离运输。花红比较抗旱,但是不耐盐碱。在生产中,花红一般采用嫁接繁殖,用山荆子或楸子作砧木,花红本身也可以作为苹果的砧木。

（三）楸子

楸子别名海棠果、圆叶海棠等,原产于我国,分布在西北、华北、东北以及江南各地。楸子属于落叶小乔木,一般高度为3m～8m,枝干比较小且呈圆柱形,嫩枝一般被一层浓密的绒毛覆盖,老枝则没有毛并且呈灰褐色。楸子的果实为卵形或圆锥形,果实较小,直径一般为2m～2.4m,颜色为橘黄色或带点红色,萼片在开花后不会脱落直至果实成熟。楸子的适应性很强,对环境的要求很低,其抗旱、抗涝、抗寒能力都很强,而且在盐碱地表现得也比山荆子强,对苹果常见的病虫害如苹果绵蚜和根头癌肿病也有抵抗力,最为关键的是其嫁接亲和力强,因此常被当作育种的原始材料。

（四）西府海棠

西府海棠又名小海棠果、海红、清刺海棠、子母海棠等,原产于我国,在河北、山东、山西、河南、陕西、甘肃、辽宁、云南等省均有分布。西府海棠属于小乔木,一般高度为3m～6m,其树枝直立性强,主干较多,支干较少,有时呈丛状。西府海棠的果实类似于球形,颜色为红色,其果实也非常小,直径只有1m～1.5m。西府海棠的果实有明显的萼洼,这是其与海棠的最大区别。其萼片一般在开花时就会脱落,但有少数萼片会保留至果实成熟,萼片下面的凸起不太明显。

西府海棠对环境的要求也较低,其抗性较强,特别是在盐碱地能很好地生长,比较能抗黄叶病,因此西府海棠也常用来做苹果砧木,例如河北怀来的八棱海棠、冷海棠,昌黎的平顶热花红、平顶冷花红,山东莱芜的难咽,益都的晚林檎,山西太谷等地的林檎等。

(五)山荆子

山荆子又名山定子、山顶子,原产于我国,在黑龙江、吉林、辽宁、内蒙古、河北、山东、陕西、甘肃等地都有种植。山荆子属于落叶乔木,树干很高,一般能超过10m,树冠非常广且呈圆形,但是山荆子的果实非常小,只有1g左右,呈近球形,其颜色为红色或黄色。山荆子的抗寒能力比较强,有些类型能耐-50℃的低温,因此,山荆子也是苹果的主要砧木之一。

(六)河南海棠

河南海棠又名大叶毛茶、东绿茶、山里绵,原产于我国,分布于河南、山西、陕西、甘肃、河北、四川等省。河南海棠是灌木或小乔木,高达5m~7m,其枝条比较细弱,呈圆柱形,嫩枝被一层稀疏的绒毛覆盖,老枝则无绒毛并呈现出红褐色。河南海棠的果实为近球形,直径一般为0.8cm~1cm,颜色为黄红色或红紫色,其花期为5月,果期为9月。河南海棠可以作为苹果砧木,其中有些类型与苹果嫁接还会出现矮化的现象。

(七)湖北海棠

湖北海棠又名红花茶、秋子等,分布于我国湖北、湖南、江西、江苏、浙江、安徽、福建、广东、四川、陕西、甘肃、云南、贵州、河南、山东、山西等省,一般生长在海拔50m~2900m的山坡或山谷丛林中。湖北海棠与山荆子有些类似,但也有明显的区别,例如湖北海棠的嫩叶、花萼和花梗都带有紫红色,湖北海棠的叶边锯齿也比山荆子的要尖锐许多,湖北海棠的花柱有3~4个等。

湖北海棠有孤雌生殖能力,种子是由珠心壁细胞形成的胚发育而成,可保持母本性状,变异性小,而且不传病毒。湖北海棠能抗涝,但不抗旱,因此在雨水充沛的地方,如我国华中、西南和东南等地被拿来作为苹果的砧木。

（八）三叶海棠

三叶海棠又名山茶果、野黄子、山楂子，原产于我国，分布在辽宁、山东、陕西、甘肃、江西、浙江、湖北、湖南、四川、贵州、福建、广东、广西等地。三叶海棠属于灌木，一般高度为2m～6m，其果实近球形，果实个头小，直径只有0.6cm～0.8cm，颜色为红色或褐黄色，没有萼片。三叶海棠也可以作为苹果砧木。

（九）新疆野苹果

新疆野苹果又名塞威氏苹果，分布于中亚细亚，在我国主要分布于新疆西部的伊利和塔城地区。新疆野苹果属于小乔木或乔木，一般高度为2m～8m，最高高度可达14m，其树冠非常广，常有多个主干。新疆野苹果的果实形状、颜色、品质、成熟期在不同类型间差异很大，有红果子、黄果子、绿果子、白果子等。其抗旱能力强，抗寒能力中等，因此陕西、甘肃、新疆等地常用其作为苹果的砧木。

（十）小金海棠

小金海棠又名铁楸子，原产于我国，分布在四川小金、马尔康、理县等地，属于乔木，一般高度为8m～12m，其果实为椭圆形或倒卵形，果实较小，直径一般为1cm～1.2cm，颜色为红黄色。小金海棠的本种有无融合生殖特性，与苹果嫁接亲和性好，与苹果嫁接有矮化作用，并且结果早、产量丰、质量优。小金海棠的根系非常发达，根须很多，具有抗旱、耐瘠薄、耐涝、抗病、耐盐碱等多种抗逆性，是抗缺铁失绿的苹果砧木。[①]

二、苹果的主要优良品种

（一）苹果优良品种的分类方法

目前，世界各地的苹果品种很多，其性状特点也是五花八门，为了研究、应用上的方便，学者们根据苹果的外观性状、生态地理、染色体倍性、成熟期、生长结果习性、亲缘关系远近和用途将其进行分类，苹果品种的分类方法，大致有以下几种：

---

①侯振华.苹果种植新技术[M].沈阳:沈阳出版社,2011.

1.根据果实外观性状进行分类

这种分类方法是依据苹果的外形和色泽进行的。苹果的外形有很多中,例如近球形、椭圆形、卵形等,苹果的色泽也有很多种,例如红色、黄色、青色、白色等,但是很多苹果品种的果实在其外形和色泽上差异不大,因此,这种分类方法不实用。

2.根据生态地理进行分类

这种分类方法是根据苹果的原产地及其生长发育所需要的生态环境进行的。不同的品种其原产地的自然地理环境都不相同,因此,在不同环境中生长的品种其生物特性也不一样。根据生态地理进行分类在生产上有一定的意义,俄罗斯学者格留涅尔就曾依据苹果原产地的生态地理条件,把苹果品种分为乌拉尔品种群、中俄罗斯品种群、北高加索品种群、外高加索品种群、中亚品种群、东欧品种群、欧洲大西洋沿岸品种群、南欧品种群以及北美品种群等九个类群。

3.根据染色体倍性进行分类

这种分类方法是根据苹果品种染色体的倍性进行分类的。绝大多数苹果品种都是二倍体,$2n=34$;少数品种为三倍体,$2n=51$;极少数品种为四倍体,$2n=68$。

4.根据成熟期进行分类

这种分类方法是依据苹果成熟时期的早晚来进行的,例如将苹果分为特早熟、早熟、中熟、中晚熟和晚熟等。在实际运用中,这种分类方法的价值非常大。

5.根据生长结果习性进行分类

依据苹果的生长结果习性进行分类,可以把苹果分为普通(乔化)型品种和短枝(矮生)型品种。普通型品种的苹果其树体非常高大,生长量大,多长枝,成花困难,进入结果的时间很长;短枝型品种是普通型品种的矮生变异类型,其都是由无形变异的品种选育而来的,短枝型品种的苹果树与其母体普通型品种相比,树体较矮小,萌芽率高,成枝力弱,开始结果早,果实着色能力强。

6.根据亲缘关系远近进行分类

这种分类方法是根据苹果亲缘关系的远近来进行分类,例如将苹果分为富士系品种、元帅系品种、金冠系品种等。

7.根据用途进行分类

这种分类方法是根据果实用途,把苹果品种分为生食、烹调和加工等三类。世界上的苹果栽培品种主要为生食品种,英国的烹调用品种栽培比重较大,以前法国栽培的酿酒用品种较多。

(二)苹果的主要栽培品种介绍

在选择苹果品种时,要充分考虑到当地的气候、土壤、水源等是否适合该品种的生长条件。在保证果树适应当地气候并能健康苗壮生长的前提下,还要重点思考果实的质量是否优良以及市场需求等。当前,我国从世界各地引进和选育的苹果栽植品种(系)有250多个,经各地生产实践适用于商品栽植的品种约为60个,现选取其中几种表述进行具体分析。

1.嘎富

又名萌,是日本和新西兰利用嘎拉×富士杂交培育而成的优良中早熟品种。嘎富的果实呈圆形或扁圆形,平均一颗果实的重量约为200g,当其充分成熟时果实的颜色呈现出紫红色或暗红色,果肉为白色,肉质致密,中等硬度,多汁,酸甜适中,香气浓郁,品质优良。

2.华夏(又名美国8号)

又名美国8号苹果,是由我国农业科学院郑州果树所从美国引进的品种。华夏的果实呈圆形,中等大小,平均一个果实有240g重。当果实完全成熟时,呈浓红色,着色面积高达90%以上并呈现出蜡质的光泽感。其果肉为黄白色,果肉脆甜多汁,酸甜适口,品质优良。

3.嘎拉

嘎啦是新西兰品种,由于嘎啦苹果兼具元帅、橘苹和金帅的特点,所以被引入我国。嘎啦苹果的果树近圆形或圆锥形,大小较为整齐,果实大小中等,平均每个果实重180g。当果实完全成熟时,其果皮呈红色,果皮底部为黄色,并有深红色的条纹。嘎啦苹果果皮薄、有光泽,果肉松脆多汁,香味浓郁,品质优良。

嘎拉很容易发生芽变,目前已发现的芽变有皇家嘎拉、帝国嘎拉、丽嘎拉、嘎拉斯及烟嘎等。我国现在栽培的嘎拉多数是皇家嘎拉和烟嘎,二者均为嘎拉的浓红色型芽变,较普通嘎拉色泽浓且着色面大,其他性状同嘎拉。

4.早红

由中国农业科学院郑州果树研究所从意大利引进的嘎拉实生单株中筛选培育而成,2006年通过河南省林木审定。单果重223克。果实淡红色,果面光洁、有光泽,外观艳丽。果实肉质细、松脆、汁多,可溶性固形物含量11.2%~13.0%,风味酸甜适度、有香味,品质与嘎拉相似。郑州地区果实8月上中旬成熟。早红性好、丰产,综合性状优于同期成熟的品种皇家嘎拉。适宜在河南、陕西、山西、河北主要果产区以及江苏、安徽的北部等地区栽植,是嘎拉的替代品种。

5.元帅

元帅是现今世界上最易发生芽变的苹果品种。据不完全统计,元帅及其芽变品种的芽变,迄今已发现160余种。通常把元帅称为元帅系的第一代,其芽变称为元帅系第二代,第二代的芽变称为元帅系第三代……元帅系第二代品种30多个,多数是元帅的着色系芽变,其中以红星为典型代表,现在生产上栽培面积不大。元帅系第三代有品种60余个,多数是元帅系第二代的短枝型芽变,其中以新红星为代表,当前我国种植面积较大。元帅系第四代品种有20余个,其中以首红为典型代表,与第三代相比,其着色期提早,颜色更浓,短枝性状更明显。元帅系第五代品种有瓦里短枝等10余个品种,其着色状况和短枝性状均进一步提高。

元帅系苹果果实呈圆锥形,顶部有明显的五棱。其果实大,一般一个果实重约250g,大者可达450g。元帅系苹果彻底成熟时其底色为黄绿色,一般被鲜红色霞和浓红色条纹覆盖,着色系芽变为紫红色。果肉为淡黄白色,肉质松脆,果汁较多,甜味较重,具有浓烈芳香,生食品质极上。

6.金冠

又名金帅、黄香蕉、黄元帅,美国品种,金冠苹果的果实呈长圆锥形或长圆形,顶部棱起较显著。果实个头比较大,平均一个苹果的重量约为200g。彻底成熟时,其果皮底色为黄绿色,贮藏一段时间后表皮会变为金黄色,阳面偶尔会有淡淡的红色。金冠苹果的果皮很薄而且很光滑,梗洼处有辐射状锈。果肉为黄白色,肉质细密,刚采摘下来的金冠苹果果肉脆甜多汁,贮藏一段时间后果肉会稍微变软。味道非常甜,稍有酸味,具有浓烈的香气,具有生食品苹果中的上等品质。

金冠是容易发生芽变的品种,世界上发现的金冠芽变品种有30～40个,其中最著名的有金矮生、斯塔克金矮生、黄矮生和无锈金冠等。其中无锈金冠是金冠无锈芽变,其果皮光滑如蜡质,肉质松脆。其他三个为金冠的短枝型芽变,金矮生栽培面积最大。金冠的出现是苹果发展史上的一个重大事件,是非常重要的育种材料,以金冠为亲本培养了许多优良品种。

7.富士

富士苹果为日本品种,是现在我国和日本等国家苹果栽培面积最大的品种。富士苹果的果实呈扁圆形或短圆形,顶端微显果棱。果个中型、大型,平均每个果实重170g～220g,也有很多果实大于250g。当果实彻底成熟时,其果皮底色为淡黄色,其上有鲜红色的片条或条纹状的覆盖。果肉呈淡黄色,细脆汁多,酸甜适中,香气浓烈,品质极上。

第二节 苹果树的生物学特性

一、苹果树的根系生长特性

(一)苹果树的根系年生长动态

苹果树根系的年生长动态取决于树种、品种、树龄、树势、砧穗组合和当年生长结果情况,同时也与外界环境如土壤温度、水分、通气及营养贮存水平等密切相关。根系生长高峰与低潮是上述因素综合作用的结果,但也不排除在某一生长阶段有一种因素起主导作用。北京农业大学对以山定子为砧木的盛果期国光(17～18年树龄)进行了两年观察,在没有灌水的条件下,根在一年内有2～3个明显的生长高峰。第一次由4月上旬到6月下旬或7月上旬,第二次在8月中下旬,第三次在9月下旬到10月下旬。根据河北农业大学的观察,生长健壮、初结果的金冠苹果树,根系一年内有三次生长高峰,与地上部器官的生长发育是相互依存又相互制约的。

在不同深度的土层内根系的生长也有所不同,上层根(40cm以上)开始活动较早,下层较晚。夏季上层根生长量较小,下层根则生长量较大,到秋季上层根的生长又加强。处于土壤上下层的根在一年之内表现有交替生长的现象,这都与土壤温度、湿度以及土壤通气情况有关。

苹果新根发生动态因植株生长强弱、结果情况而异,双峰和三峰曲线皆存。春季不同类型树体发根差异最大,小年树、弱树发根晚、发生量少,但在萌芽后缓慢上升,不随春梢的迅速生长而降低,可以持续到7月,因而呈双峰曲线;大年树、旺长树在春梢旺长前发根达到高峰,之后下降形成低谷;丰产稳产树新根量随春梢旺长亦有所下降,但仍能维持较高水平。春梢停长后,各类树体发根均达高峰,此高峰发根量最大,持续时间最长,7～8月随秋梢生长、高温期而结束,但不同类型植株发根高峰大小各异,以弱树最低,丰产稳产树、小年树较高,旺长树高峰偏晚但时间长,可持续到秋梢生长期。秋梢停长后出现秋季发根高峰,但大年超负荷树秋季高峰消失,并影响次年春季(小年树)新梢的发生。

因此,根系生长的周期性主要依赖于枝梢生长和果实的负荷量。但新梢生长并非简单地抑制新根发生,从而出现根梢交替生长现象,新梢的旺长也要以一定新根量作基础。根梢生长既相互促进,又相互矛盾,新梢生长与根系竞争养分,过度的新梢旺长将降低新根的发生,但根系特别是生长根的发生又需要幼叶茎尖产生的吲哚乙酸(IAA)刺激。超负荷、早期落叶降低了下运的光合产物,同时有限的秋梢生长减少了IAA向基部的运输。因此,超负荷、早期落叶不仅影响秋根的生长,还使翌年春季新根发生量少而晚。

（二）苹果树根系分布与密度

树体年龄、砧木、土壤类型、地下水位及栽培技术均影响苹果根系分布。

根系在果园土壤中因介质与环境的多样性，而表现出不同的生态表现型。黏土根系常呈"线性"分布，分根少，密度小，但在延伸过程中，如果遇到透气性好的区域，分根就会大量发生；肥水条件较好的根系分布深远，分根多，细根量大，常呈"匀性"分布；透气性好但贫瘠、干旱的沙地果园，根系分布广、密度小，吸收根细短干枯、功能差，根系的分布呈"疏远型"；山地、冲积平原土果园，砾石层、黏板层常限制根系向下扩展，因而根系常集中分布于表层，而呈"层性"分布。

根系的垂直分布受土壤结构和层次性的影响，黏土障碍层和较高的地下水位等会限制根系向深层扩展。如辽南、胶东等山地苹果根系深度在1m左右；而西北、华北等黄土高原和各省的冲积地，根系深达4m～6m；沿海、沿河的沙滩地，黄河故道冲积平原常受地下水位的影响，根系深度仅60cm左右。但大部分地区乔砧苹果根系分布，范围多集中在20cm～60cm，浅根性的矮砧苹果根多集中在40cm之内，即使是乔砧大树，80%以上的细根也分布于40cm以内的土层。因此，无论根系分布的绝对深度有多深，大部分根系特别是细根都接近土壤表层，表层根的利用不容忽视，但深层根对维持树势及植株的逆境适应能力如抗旱性具有重要作用。

苹果根系的水平扩展范围为树冠直径的1.5～3倍，乔砧、比较疏松的土壤较广，而矮砧、黏土则较窄。Papp和Tamasi综合调查数据得出，80%以上的苹果根系分布于树冠边缘以里的范围内，但直径小于1mm的细根多分布于树冠边缘、距中央干较远的地方。尽管根系有潜力向更广范围延伸，但相邻植株的根系将限制其扩展，即使在高密度苹果园，株间根系交错也很少发生。

（三）影响苹果根系的土壤环境条件

土壤通气、含水量、土壤温度、养分状况和pH值影响根系的生长发育。要保证根系呼吸对氧的需要，就需要土壤有较大的孔隙度，细根密度与土壤孔隙度显著相关。由于土壤中孔隙容量有限，这些孔隙又常会被水分占据,土壤氧气常成为根系生长和机能活动的限制因子。土壤管理中应把改良土壤的透气性放在第一位。

一般情况下,土壤养分不会像氧气、水分、温度那样成为根系生长的限制因素。但是即使土壤再瘠薄,也还具有一定的自然肥力,所以土壤的养分状况对根系的形状、分布范围和密度影响很大。肥沃的土壤根系密度大,分布范围较小,根系比较集中;而瘠薄土壤的根系为了获得养分,广域觅食,分布范围扩大而密度较小,贫瘠、干旱地栽培都会形成这种庞大的根系,这对充分利用水分、养分是有利的,但是生长过程中要消耗大量的光合产物。[①]

二、苹果树芽、枝和叶生长特性

(一)苹果树叶芽的萌发和发育

萌芽物候期标志着休眠或相对休眠期结束和生长的开始,苹果萌芽分为芽膨大和芽开绽两个时期,芽膨大的标志是芽开始膨大,鳞片开始松开,颜色变淡;芽开绽的标志是鳞片松开,芽先端幼叶露出。

苹果的叶芽外面有鳞片包被着,芽鳞内有一个具有中轴的胚状枝,是芽内生的枝叶原始体。叶芽萌发生长,芽鳞脱落,留有鳞痕,成为枝条基部的环痕。环痕内的薄壁细胞组织是以后形成不定芽的基础之一,苹果的短枝一次生长而形成顶芽的,都是由芽内分化的枝、叶原始体形成的。中营养枝、长营养枝的形成除由芽内分化的枝、叶原始体生成外,还有芽外分化的枝、叶部分,芽鳞片的多少、内生胚状枝的节数常标志着芽的充实饱满程度。

一般充实饱满的苹果芽常有鳞片6~7片,内生叶原始体7~8个,有时丰产稳产植株壮枝上的壮芽可达13片叶原始体。外观瘦瘪、仅有少量鳞片和生长锥、没有叶原或仅1~2片叶原者为劣质芽。一个枝或一棵树充实饱满芽的多少,也是衡量枝与植株生长强度的指标之一。

枝条上萌芽的多少占所有芽的百分数,称萌芽率,萌芽率是用来表示枝条上芽萌发力的强弱程度。成枝力是指枝条上的芽萌发后抽生长枝

---

①车艳芳,曹花平. 桃 梨 苹果高效栽培技术[M]. 石家庄:河北科学技术出版社,2014.

(长度大于30cm)的能力,用抽生长枝数量的多少来表示,一般抽生长枝数2个以下者为弱,4个以上的为强。萌芽率和成枝力强弱决定于品种的生长习性,还与顶端优势、枝条姿势、树龄和栽培管理措施有关。开张角度大的枝条萌芽力强,抽生长枝的数量少。新红星品种萌芽力强,而成枝力弱;富士品种萌芽力、成枝力均弱。萌发力弱的品种形成的潜伏芽数量多,潜伏芽的寿命也较长,早熟品种如辽伏、早捷、贝拉,其芽具有早熟性,相对地更容易形成花芽,植株开始结果年龄早。

影响苹果萌芽的因素主要是温度、水分和枝干营养贮存水平等。苹果春季萌芽,一般在天气晴朗、温和、干燥时萌芽整齐而延续时间短;反之,阴雨、低温、湿润时萌芽持续时间长。当春季日夜平均温度10℃左右时,叶芽即开始萌动,一般金冠、红星萌芽温度为10℃,而富士则为12℃。贮藏养分充足的植株萌芽早,萌芽率高;树冠外围和顶部生长健壮的枝条比树冠内膛和下部的枝条萌芽早;同一枝条上,中上部较充实的芽萌发早。

(二)苹果树的枝梢生长和枝类组成

1.苹果树的枝梢生长

苹果叶芽萌发成新梢,枝条的生长表现为加长生长和加粗生长。加长生长是由生长点细胞分裂和分化实现的,春季萌芽标志着新梢加长生长开始。加粗生长是形成层细胞分裂和分化实现的,加粗生长开始稍落后于加长生长,基本与加长生长相伴而行,而比加长生长停止晚,这在多年生枝上表现明显。

新梢生长的强度,常因品种和栽培技术的差异而不同。一般幼树期及结果初期的树,其新梢生长强度大,为80cm～120cm;盛果期其生长势显著减弱,一般为30cm～80cm;盛果末期新梢生长长度就更加减弱,一般在20cm左右。大部分苹果产区新梢常有两次明显的生长,第一次生长的称春梢,第二次延长生长的为秋梢,春秋梢交界处形成明显的盲节。自然降水少,而且春旱、秋雨多的地区,春季没有灌溉条件的果园,往往是春梢短而秋梢长,且不充实,对苹果的生长发育极为不利。

苹果的枝芽异质性、顶端优势、枝芽的方位等是影响新梢生长发育强度的主要因子,新梢的加长、加粗生长都受这三个内因的制约。

2.苹果树的枝类组成

（1）长枝。长枝指生长量大，枝上具有芽内叶、芽外叶和秋梢叶（春秋两季生长）的两季枝。这类枝条具有强的激素合成和竞争营养物质的能力，生长形成消耗大，生长形成期长（一般90天，长者可达120天），光合强度前期低后期高，光合产物主要到新梢停长后才可大量输出，供应期短。但长枝的光合产物可以运往枝、干、根中，起到养根、养干的作用，并能向根系提供激素活性物质，因而对树体起到整体性的调控作用。

当树冠中长枝过多时，由于长枝对营养物质分配有较大的竞争力和支配力，常造成树体旺长，中短枝得到营养物质少，瘦弱，不易成花。但当长枝过少或无长枝时，由于树体的整体物质交换能力弱而导致树体衰老，新根发生受影响。所以树冠中要保持一定量的长枝，并要合理布局，以保证营养的合理分配，成年树长枝以3%~8%为宜。

（2）中枝。中枝（也叫封顶枝）指只有春梢（包括芽内叶和芽外叶）无秋梢，有明显顶芽的枝条。这是一类只有一次生长且功能较强的枝条，其影响范围较短枝大而较长枝小，有的可以当年形成花芽而转化为果枝。

（3）短枝。短枝指只有芽内叶原始体，一次性展开形成的枝条。它生长形成时间短而积累时间长，但后期光合强度小于长枝，而且光合产物基本自留而不外运，无养根、养干的作用。短枝是成花的基本枝类，凡具有4片以上大叶的短枝极易成花，无大叶的短枝顶芽瘦弱，多不能成花。树冠中维持40%左右、具有3~4片大叶的短枝，是保持连续稳定结果的基础。因短枝光合产物输出范围小，树冠中如无长枝则根系营养不良，树体易早衰。

（4）徒长枝。徒长枝是当劣质芽潜伏后，遇到刺激萌发而形成的枝。这类枝生长量大，皮薄叶小，以消耗为主，枝条不充实，芽子瘦瘪，不易形成骨干枝和花芽。除大枝更新时利用外，多疏除而不保留。

（5）结果枝。果枝是具有花芽的枝，不同品种花芽的着生位置不同，一般多为4片以上大叶状短枝的顶芽（如辽伏、贝拉、金冠等具腋花芽），发育健壮的中枝的顶芽和有些品种长枝的腋芽能够形成花芽。苹果初结果期以长中果枝结果为主，而盛果期以短中果枝结果为主。

3.影响苹果树新梢生长的因素

（1）品种与砧木。苹果不同品种新梢生长势也有不同，普通型品种生长势强，枝梢生长量大，形成长枝多；而短枝型品种生长相对缓慢，枝梢生长量小，形成短枝多，还有介于半短枝型的品种。砧木对地上部枝梢生长也有明显的影响，把同一品种嫁接到乔化砧、半矮化砧和矮化砧等不同的砧木上，生长表现出明显的差别。

（2）营养状况。树体内贮藏的养分是枝梢生长的物质基础，贮藏养分多少对枝梢的萌发、伸长有明显的影响。贮藏养分不足，新梢短小而纤细。负载量对当年枝梢生长也有影响，结果过多，大部分同化物质用以果实消耗，当年枝梢生长就受到抑制，反之，则会出现新梢旺长。因此，防止苹果早期落叶，提高树体营养贮存水平，是保证翌年新梢生长的基础。

（3）环境条件。各种环境因素都会影响枝梢的生长，主要表现为温度、光照、矿质元素、水分。在生长季节中，在保证土壤通气的情况下，水分充足，能促进新梢迅速伸长；水分过多而营养不足时，新梢生长纤弱，组织不充实；缺水也能使新梢生长减弱，这是细胞体积小和分化提早引起的。在矿质元素中，氮素对新梢伸长具有特别显著的影响，而钾肥施用过多，对枝梢生长有抑制作用，但可促进枝梢健壮充实。光照强度对枝梢生长及树冠高度有调节作用，长光照有利于生长素的合成，从而增加新梢的生长速率和持续时间；而短光照则使生长素的可给程度降低，使新梢生长速率降低。温度对枝梢的影响是通过改变树体内部生理过程而实现的，新梢生长有其最适温度范围，过高或过低对枝梢生长都不利。

（三）苹果树叶和叶幕的形成

1.苹果树叶的形成

叶原始体开始形成于芽内胚状枝上，芽萌动生长，胚状枝伸出芽鳞外，开始时节间短、叶形小，以后节间逐渐加长、叶形增大，一般新梢上第7~8节的叶片才达到标准叶片的大小。叶片大小影响叶腋间芽的质量，叶片大，光合机能强，其叶腋的芽也相对地比较充实饱满。新梢上叶的大小不齐，形成腋芽充实饱满的程度也各不相同，因而形成了芽的异质性。

苹果成年树约80%的叶片集中发生在盛花末期几天之内,这些叶片是在前一年芽内胚状枝(叶原基)上形成的。当芽开始萌动生长,新形成的叶原基也相继长成叶片,约占总叶数的20%,是新梢生长继续延伸而分化的后生叶(芽外叶)。

叶的年龄不同,其对新梢生长所起的作用也不同。在幼嫩的叶内产生类似赤霉素的物质,促使新梢节间的加长生长。如果把幼嫩叶摘除,就会使正在加长生长的节间较短。成熟的叶内制造有机养分,这些营养物质与生长点的生长素一起,导致芽外叶和节的分化、增长,使新梢延长生长。成熟的叶还能产生脱落酸(休眠素),起到抑制嫩叶中赤霉素的作用,如果把新梢上成熟的叶摘除,虽然促进了新梢的加长生长,但并不增加节数和叶数。由此可见,新梢的正常生长是成熟叶和嫩叶两者所合成物质的综合作用。所以在生产上必须时刻重视保护叶片,才能获得新梢的正常生长。

2.苹果树叶幕的形成

叶在树冠内的数量及分布称为叶幕,叶幕的形状、层次和密度组成叶幕结构,叶幕形成的早晚及叶幕结构是否合理与苹果树体生长发育和产量品质密切相关。

叶幕过厚,树冠内膛光照不足,内膛枝不能形成花芽,枝组容易枯死,反而缩小了树冠的生产体积。丰稳产园叶面积指数一般为3～4,且在冠内分布均匀。生产中采取整形修剪等措施调整叶幕形状、层次和叶片密度,形成合理的叶幕结构,增加有效光合叶面积,充分利用光能,实现优质、丰产和稳产。

理想的叶幕动态是前期叶面积增长快,中期保持合适的叶面积,后期叶面积维持时间长。因此,要保持丰、优生产,在叶幕结构合理和保证适宜叶面积的基础上,还要注意提高叶片的质量(厚、亮、绿),并使叶幕春季尽早生长、秋季尽晚衰老,尽量避免梢叶过度生长及无效消耗。

三、苹果树开花结果的习性

(一)苹果树的结果枝类型

苹果结果枝类型通常分为四种,即短果枝(5cm以下)、中果枝(5～15cm)、长果枝(15cm以上)及健壮长梢的腋花芽枝。苹果不论幼树或成年树,除少数品种外,一般皆以短果枝结果为主。成花难易因品种而异,一个健壮的长梢一般3~4年才可形成花芽,所以幼树提早结果必须轻剪长放。

(二)萌芽开花时期

苹果花芽是混合花芽、伞形花序,每花序有5~6朵小花,同一花序中,中心花优先开放。一般日夜平均温度达8℃以上,花芽即开始萌动。混合芽开放物候期可分为如下时期:①萌芽期:芽体膨大,鳞片错裂。②开绽期:芽先端裂开,露出绿色。③花序伸出期:花序伸出鳞片,基部有卷曲状的莲座状叶。④展叶期:第一片莲座状叶伸展开来。⑤始花期:花序第一朵花开放,到全树约25%的花序第一朵花开放。⑥盛花期:全树25%~75%的花序开放。⑦落花期:花瓣开始脱落到全部落完。

苹果自萌芽到落花所经历的时间,一般随品种、地区、环境条件而有不同,一般为40~50天。苹果混合芽物候期进展速度的快慢受气温影响最大,春季气温上升快的地区进展也较快。开花物候期是否能正常通过,对当年的产量影响很大。花期的长短又与温度及湿度有关,如一般盛花期为6~8天,气温冷凉、空气湿润则花期延长,高温、干燥则花期缩短。苹果单花开放寿命为2~6天,一个花序约1周,一棵树约15天。气温17~18℃是苹果开花最适温度,也是授粉昆虫活跃温度。

(三)苹果树的授粉、受精与结实

苹果要经过授粉及受精过程才能正常结实,苹果多数品种自花结实率很低,建园时需配置授粉品种进行异花授粉,以保证授粉受精,提高坐果率。三倍体品种,如乔纳金、陆奥、北海道9号等,因其花粉母细胞减数分裂不正常,往往无花粉或不具有受精能力,不能作为授粉品种用。

花期的温度是影响授粉受精的一个重要因素,花粉发芽和花粉管生长的最适温度为10~25℃,不同品种的适宜温度也不同,花期较早品种的适宜温度都低于花期较晚的品种。苹果花粉管在常温下需48~72小时乃至120小时可达到胚囊,完成受精作用需1~2天。花前或花期晚霜可能影响产量。盛开的花在-3.9~2.2℃就可能受冻。雌蕊在低温下最先受冻,花粉较耐低温。

（四）苹果树的落花落果

苹果多数品种花果脱落一般有三次高峰,第一次是落花,出现在开花后、子房尚未膨大时,此次落花的原因是花芽质量差、发育不良,花器官(胚珠、花粉、柱头)败育或生命力低,不具备授粉受精的条件;第二次是落果,出现在花后1～2周,主要原因是授粉受精不充分,子房内源激素不足,不能调运足够的营养物质,子房停止生长而脱落;第三次落果出现在花后4～6周(5月下旬至6月上旬),又称六月落果,此次落果主要是同化营养物质不足、分配不均而引起,例如贮藏营养少、结果多、修剪太重、施氮肥过多、新梢旺长、营养消耗大,当年同化的营养物质主要运输到新梢,果实内胚竞争力比新梢差,果实因营养不足而脱落。除以上三次落花落果外,某些品种在采果前1个月左右,果实增大,种子成熟,内部生长抑制物质乙烯、脱落酸含量增加,伴随着衰老的加剧,出现"采前落果",尤以红星表现较突出。

四、苹果树的花芽分化

（一）苹果树花芽分化的意义

营养繁殖的果树已具有开花潜势,由于内外条件制约而不能开花,即开花"程序链"被阻遏。只要解除阻遏,程序正常进行,花芽分化即可开始。果树芽轴的生长点经过生理和形态的变化,最终构成各种花器官原基的过程,叫花芽分化。对于无性系果树,要求尽早完成从营养生长向生殖生长的转化,每年稳定地形成数量适当、质量好的花芽,才能保证早果、高产、稳产和优质。因此,研究花芽分化的规律在果树栽培学中具有十分重要的意义。

（二）花芽分化过程

苹果的花芽是混合花芽,一般着生在短枝、中枝的顶端,有些品种长梢上部的侧芽也可形成花芽。不论哪种情况,花芽均在枝条停止生长后才开始分化,所以短果枝分化得最早,而中长果枝生长停止越迟则分化越晚,顶芽则比侧芽分化早。苹果的花芽分化,可分为生理分化期、形态分化期和性细胞形成期。

1.花芽的生理分化

新梢停止生长以后营养物质开始积累,并有利于成花激素物质的产生,即开始芽内的生理分化过程,苹果生理分化的集中期在6月上旬至7月。此期间,芽的形态构造与叶芽无区别,主要是生理方面发生一系列变化,如体内营养物质、核酸、内源激素和酶系统的变化等。生长点原生质处于不稳定状态,对外界因素具有高度的敏感性,易于改变代谢方向,是决定芽分化方向的关键时期,亦称花芽孕育期,所有促花措施在这个时期进行,才能产生最佳效果。

2.花芽的形态分化

花芽生理分化后1~7周开始形态分化,通常可分为7个时期。

(1)未分化期。其标志是生长点狭小、光滑,在生长点范围内均为体积小、等径、形状相似和排列整齐的原分生组织细胞,不存在异形的细胞和已分化的细胞。

(2)花芽分化初期(花序分化期)。其标志是生长点肥大隆起,为一个扁平的半球体。在该生长点范围内,除原分生组织细胞外尚有大而圆、排列疏松的初生髓细胞出现。这一形态对鉴别花芽分化初期十分重要,因为,在此之前为生理分化期,是控制花芽分化的关键时期,也称为花芽分化临界期。

(3)花蕾形成期。其标志是肥大隆起的生长点变为不圆滑的、出现凸起的形状。苹果中心凸起较早,体积也较大,处于正顶部的凸起是中心花蕾原基。梨的周边凸起较早,体积稍大,为侧花原基。这就是苹果花中心先开放,而梨是周边花先开放的原因。

(4)萼片形成期。花原基顶部先变平坦,然后其中心部分相对凹入,四周产生凸起体,即萼片原始体。

(5)花瓣形成期。萼片内侧基部发生凸起体,即花瓣原始体。

(6)雄蕊形成期。花瓣原始体内侧基部发生的凸起(多排列为上下两层)即雄蕊原始体。

(7)雌蕊形成期。在花原始体中心底部所发生的凸起(通常为5个)即雌蕊,雌蕊基部的子房深埋于花托组织(子房下位的果实)中。

花芽形态分化一旦开始,将按部就班地继续分化下去,此过程通常是不可逆转的。

3.性细胞形成

冬季花芽进入休眠期后,虽然形态上的变化不明显,但其内部仍然进行生理生化的变化。进入冬眠的花芽要经过一定时间的适当低温,春天时才能正常萌芽开花。春季花芽萌动后,雄蕊的孢原组织向花粉母细胞发展,同时雌蕊出现胚珠凸起。在花序伸出和分离期,花粉母细胞逐渐形成,开始减数分裂,同时雌蕊中的胚珠形成孢原细胞。花序分离期后的4~5天,雄蕊内四分体形成,雌蕊内胚囊形成,几天之后花即开放。这些过程的进行都是依靠树体内前一年积累的营养物质。因此,春季树体内有足够的贮藏营养,对花器的继续发育有直接的作用,也影响到开花、坐果、果实大小和产量的高低。

(三)苹果树成花理论基础

1.C/N关系

果树体内氮和碳水化合物的比例适当,糖和氮供应充足,花芽分化旺盛,开花、结果也多。如碳水化合物欠缺,花芽不能形成;氮欠缺,碳水化合物相对过剩,虽能形成花芽,但结果不良。碳水化合物和氮是花芽分化的前提和基础,也是花芽分化的重要营养和能量来源。

2.内源激素平衡

很多试验表明,包括赤霉素(GA)、细胞分裂素(CTK)、脱落酸(ABA)、吲哚乙酸(IAA)和乙烯在内的激素对花芽的形成都有影响。GA抑制花芽的形成;花原基发生与分化必需CTK;ABA由于与CA拮抗,引起枝条停长,有利于糖的积累,对成花有利;乙烯和IAA都能促进花芽形成。其实,在果树组织和器官中常常是几种激素并存,所以激素对花芽分化的调节不取决于单一激素水平,而有赖于各种激素的动态平衡。激素的平衡不仅较真实地反映了成花机制,也能解释一些花芽分化的现象。

3.养分分配方向

成花基因的表达比叶芽发育需要更多的同化产物,芽体内髓分生组织是营养生长高度活跃部分。生长点中心分生组织相对平静,但在花芽形态分化之前代谢大大增强,核糖体数目增加。在激素的作用下,同化产物向中心分生组织供应,髓分生组织活性下降,即使在中心分生组织中,养分也流向最活跃的关键部位,以保证花芽不断进行分化。

4.基因启动

成花激素到达茎尖可以认为是成花基因的开关,此时指导形成花原基的特异蛋白合成的基因开始起作用。在细胞核中调节支配DNA作用的有组蛋白,它是位于核内染色体上与DNA共存的碱性蛋白质,起着从DNA制造mRNA的阻遏作用,一旦组蛋白离开DNA,mRNA就能合成。

所谓诱导就是引起不可逆的新蛋白质或mRNA的合成,在诱导前放线菌素D与DNA的结合,抑制mRNA的合成,也抑制了花芽形成。花芽形成依赖于与DNA—RNA—蛋白质有关信息传递。

5.临界节位

叶芽只有发育到一定节数时,才能诱导并进行分化,这个节数称为临界节位。金冠苹果的临界节位数为12,橘苹临界节位数为21,元帅临界节位数为16.26。

花芽分化的研究已有一百多年的历史,提出了不少假说,但至今关于它的机制人们知道得仍然很少。其基本过程大体是:生长点是由原分生组织的同质细胞群构成,所有细胞都具有遗传的全能性,但不是所有的基因在细胞的任何时期都能表现出活性。只有外界条件(如日照、温度、水分等)和内部因素(如激素的比例变化、结构和能量物质的累积)作用下产生一种或几种物质(成花激素),启动细胞中的成花基因,并将信息转移出来引起酶的活性和激素的改变,并高强度地吸收养分,最终才能导致花芽的形态分化。

6.影响花芽分化的环境因素

(1)光照。光是花芽形成的必需条件,在多种果树上都已证明遮光会导致花芽分化率降低。苹果在花后7周内高光强(2.4万勒克斯)促进成花,低光强(1.25万勒克斯),成花率下降,但花后7周以后降低光强不影响成花。光强影响花芽分化的原因可能是光影响光合产物的合成与分配,弱光导致根的活性降低,影响CTK的供应。光的质量对花芽形成也有影响,紫外线抑制生长,钝化IAA,诱发乙烯产生,促进花芽分化,高海拔地区的苹果生长较矮,易于成花,大部分果树对光周期并不敏感。

(2)温度。温度对果树新陈代谢产生影响是众所周知的事实。苹果花芽分化的适温为20℃(15～28℃),20℃以下分化缓慢。盛花后4～5周(分化临界期)保持24℃,有利于分化。

(3)水分。果树花芽分化临界期前,适度的水分胁迫可以促进花芽分化。适当干旱使营养生长受抑制,碳水化合物易于积累,精氨酸增多,IAA、GA含量下降,ABA和CTK相对增多,有利于花芽分化。但是,过度干旱也不利于花芽的分化与发育。

(4)土壤养分。土壤养分的多少和各种矿质元素的比例可影响花芽分化,缺氮形成花芽很少,在苹果花雄蕊或雌蕊分化期施氮可提高胚珠的生命力。

(四)花芽分化的调控途径

目前,我们已经可以应用农业技术在一定程度上调节与控制花芽的形成。所有技术措施都因品种、树龄和树体状况而有所不同,任何措施又常因时间和强度使效果有所差异。

1.调控的时间

尽管花芽分化持续的时间较长,同一株上的花芽分化的时间也有早有晚,但在地区、树龄、品种相同的情况下,对产量构成起主要作用的枝条类型基本相同,花芽分化期也大体一致。例如多数苹果品种以短枝结果为主,幼树长枝结果的比例较大。调控措施应在主要结果枝类型花芽诱导期进行,进入分化期效果就不明显。因此,促花措施多在生理分化之前进行。

2.平衡果树生殖生长与营养生长

平衡果树生殖生长与营养生长是控制花芽分化主要手段之一。苹果大年加大疏果量,幼树轻剪长放及拉枝缓和生长势可促进成花,因地制宜地选择矮化、半矮化或乔化砧,可以适时结果,环剥、环割和倒贴皮也有明显的促花效果。

3.控制环境条件

通过修剪,改善树冠内膛的光照条件,花芽诱导期控制灌水和增施硝态氮肥和磷肥、钾肥能有效地增加花芽数量。

4.生长调节剂的应用

目前应用最为广泛的是多效唑,这些物质抑制茎尖GA的合成,使枝条生长势缓和而促进成花。

五、苹果果实发育与果实品质

(一)苹果果实发育过程

从细胞学角度划分,果实的全部发育过程可分为细胞分裂和细胞膨大两个阶段。

果实细胞分裂阶段的基本特征是果实细胞进行旺盛分裂,细胞数量急剧增加。苹果果实的细胞分裂从开花前已经开始,到开花期暂时停止,授粉受精后继续进行,多数品种可一直延续到花后3~4周。苹果果实分生组织中没有形成层,因此,在细胞分裂阶段,外观上果实以纵向生长为主,果形为长圆形。

果实细胞膨大阶段的主要特征是细胞容积和细胞间隙不断膨大。到果实成熟时,果肉细胞间隙可占果实总容积的20%~40%。在果实细胞膨大阶段,随着细胞溶解和细胞间隙的增大,果实横径迅速增长,果实由长圆形变成椭圆形或近圆形。如果把果实在不同间隔期内的体积与纵横径的增长绘成曲线,则发现苹果以盛花期为起点,以果实成熟期为终点,果实纵横径的增长曲线为单"S"形。

(二)苹果果实品质

1.果实大小

从果实发育过程看出,果肉细胞数量和细胞容积决定着果实大小。因此,作用于前期细胞数量和后期细胞体积的内外界因素,都会对果实大小产生影响。

开花时,一个苹果果实约有200万个细胞;到采收时,果实内约有40000万个细胞。开花时幼果内要有200万个细胞,花前细胞分裂必须达到21次,而花后只需分裂4~5次。通常,这在花后3~4周内即可实现。因此,树体营养状况,特别是早期的营养状况,对果实大小影响很大。浅田与增田发现,强壮树上的国光果实,一果内有240×106个细胞;中庸树上的果实,有196×106个细胞;弱树上的果实,却只有171×106个细胞,仅为强树的70%左右。果肉细胞的增大,受细胞壁的可塑性能以及液泡吸水性能的影响。因此,矿质营养状况和供水水平对果实膨大可产生重要影响。

2.果实形状

果形是苹果外观品质的重要标志之一,通常以果形指数(果实纵径与最大横径比L/D)来表示。苹果为子房下位花,由5个心皮组成,包裹在花托之中,一般苹果品种每个心皮有2个胚珠,充分受精后,可以形成10粒种子。但多数品种坐果果实中,只有5~8粒种子。一个果实内种子数量的多少,对果实形状有重要的影响。种子的相应部位不正常时,幼果期生长缓慢,致使果实纵切面不对称,影响果实外观。这种现象与缺少种子导致的内源激素合成、分布不均有关。另外,花的质量、负荷量、果实着生状态、气候条件等对果形也有影响。同一植株上早开的花、同一花序的中心花果实的果形指数较高;负载量过高,则使果实变扁;果实着生时,果顶向下的果实较高桩,而果顶倾斜的果实偏斜率高,尤其是富士;花后气温凉爽湿润,有利于苹果纵径的伸长,但花后气温过低(<15℃)时,不利于细胞分裂而使果实趋于扁形;夏秋多雨则使果实横径增长较大,果形常易扁化。

3.果实发育过程中内含物的变化

苹果果实的内含物主要有碳水化合物(主要是淀粉和糖)、蛋白质和脂肪、维生素、矿物质、色素及芳香物质等,这些成分随苹果发育而消长,到果实成熟时,表现出品种的固有性状。

(1)淀粉和糖。幼果中淀粉含量很少,随着果实发育,淀粉含量逐渐增多,到果实发育中期,淀粉含量急剧上升而达高峰。此后,随着果实成熟,淀粉水解转化为糖,淀粉含量下降。

苹果果实中糖的种类主要有葡萄糖、果糖和蔗糖,还有少量山梨糖、山梨醇、D-木糖等。果实全糖含量在幼果期很低,果实膨大期(6月下旬至8月上旬)含糖量急剧上升,此后有所减缓,至果实成熟前又有明显上升。含糖量、糖的种类及其甜味度的不同将影响食用时的口感。

(2)有机酸。果实生长前期有机酸虽生成量大,但含量较低;到果实迅速膨大期,有机酸的生成量和含量都达到高峰;此后,随果实的成熟,有机酸的含量显著下降。苹果果实中至少含有16种有机酸,但以苹果酸含量最高,鲜果汁苹果酸含量一般为0.38%~0.63%。另外,单宁(鞣酸)含量在幼果期较高,果实临近成熟时显著减少。

(3)芳香物质。苹果果实中的芳香物质是随果实的渐进成熟和在成熟过程中形成的,尽管人们对这些芳香物质的合成机制尚不清楚,但已确知内源乙烯可诱发成熟过程,促进果实香味的散发。苹果是芳香物质含量较高的树种,已知构成苹果香气的芳香物质多达200余种。品种和环境条件不同,芳香物质的种类与含量差异很大,各种芳香物质相互作用影响果实的芳香气味。

在一定条件下,有些芳香物质的生成高峰期出现在果实中内源乙烯含量的高峰期后,有些芳香性物质的生成高峰期则伴随着果实的老化而出现。果实中芳香物质的生成及其含量的消长动态,常随着芳香物质的种类、成熟过程和条件而有变化。因此,即使是同一个苹果品种,在不同的年份或贮藏方法不同时,其芳香气味也是有所差异的。

另外,果实中的维生素、氨基酸等物质也影响果实的风味。

4.果实色泽发育

(1)苹果果皮的色泽发育。苹果果皮色泽分为底色和表色两种,果皮底色在果实未成熟时一般表现为深绿色,果实成熟时将出现三种情况:绿色消退,乃至完全消失,底色为黄色;绿色不完全消退,产生黄绿色或绿黄底色;绿色完全不消退,仍为深绿色。果皮表色在果实成熟后,一般表现为不同程度的红色、绿色和黄色等三种类型。

决定果实色泽的色素主要有叶绿素、胡萝卜素、花青素以及黄酮素等。叶绿素含于叶绿体内,与胡萝卜素共存(比例约为3.5:1)。类胡萝卜素是溶于水的,呈黄色至红色的色素,苹果果皮中主要含β-胡萝卜素,呈橙黄色。果实发育过程中,在叶绿素开始分解时,胡萝卜素随之减少。但是,如果实中的叶绿素含量降至品种固有的水平时,那么,到呼吸跃变前不久或者与之同时,胡萝卜素又会开始重新形成β-胡萝卜素及其他的黄色色素,如紫黄嘌呤等,是黄色品种果皮色泽之源。

花青素赋予果实红色,苹果果皮中的花青素基本成分是花青素糖苷或称花青素苷,苹果表皮和下表皮中都含有花青素苷,每100g鲜果皮中的含量可达到100mg。花青素是极不稳定的水溶性色素,主要存在于细胞液或细胞质内,在pH值低时呈红色,中性时呈淡紫色,碱性时呈蓝色。其与不同金属离子结合时,也会呈现各种颜色,因而果实可表现为各种复杂的色彩。花青素苷只有在叶绿素分解始期或末期才可能强烈形成。

(2)影响花青素形成的因素。除品种的遗传性外,果实中的糖含量是影响苹果花青素形成的主要因素。花青素是戊糖呼吸旺盛时形成的色素原;另外花青素还常与糖结合,形成花青素苷存在于果实中。因此,花青素的发育与糖含量密切相关。任何影响糖合成和积累的因素均影响花青素的发育。较高的树体营养水平、合理负荷、适宜的磷钾肥与氮肥比例、适当控水均有利于果实的红色发育。

温度对着色的影响也与糖分的积累有关,中晚熟苹果品种夜温在20℃以上时,不利于着色。元帅系苹果果实成熟期日平均气温20℃、夜温15℃以下、日较差达10℃以上时,果实内糖分高,着色好。我国山西、陕西和甘肃等省的黄土高原地区以及西南地区的高海拔山区,多具有夜温低、温差大的条件,加之海拔高,紫外线较强,所以红色品种着色都较好。

光照除影响碳水化合物的合成和糖分的积累外,还直接作用于花青素的合成。花青素生物合成必须有苯丙氨酸解氨酶(PAL)的触发,而PAL是光诱导酶。光质对着色影响很大,紫外光有利着色,因其可钝化生长素而诱导乙烯的形成。

5.果肉硬度

果肉硬度不仅影响到鲜食时的口感味觉,也与果实的贮藏加工性状相关。苹果果肉的硬度与细胞壁中的纤维素含量、细胞壁中胶层内果胶类物质的种类和数量以及果肉细胞的膨压等密切相关。Kertez对17个苹果品种的研究表明,凡是细胞壁纤维素含量高、胞间结合力强的品种,果肉硬度较高;当液泡渗透压大,果实含水量多时,薄壁细胞膨压大,果肉硬度高。在果实发育过程中,果胶类物质总量减少,果肉硬度随之降低。近成熟时,果实细胞发生一系列的生理、生化变化,促使果肉软化。

六、苹果树的落叶和休眠

(一)苹果树的落叶

温度是影响落叶的主要因子,落叶果树当昼夜平均温度低于15℃、日照缩短到12小时,即开始准备落叶。我国华北、西北及东北苹果落叶都在11月间,西南地区则在12月间,东北小苹果产区落叶在10月间。

干旱、积水、缺肥、病虫害、秋梢旺长、内膛光照恶化、土壤及树体条件的剧烈变化等容易引起叶片的早期异常脱落,超负荷树在果实采收后常发生大量采后落叶。生产中应注意保护叶片,防止早期异常落叶的发生。

(二)苹果树的休眠

苹果树自然休眠最适合的温度是稍高于0℃(3~5℃)的低温,需60~70天,大体在12月至翌年1月末;或者是在7℃以下的温度,休眠时间1400小时以上,才能度过休眠期,次年春正常萌芽开花。

七、苹果树对环境要求

(一)温度

苹果喜欢冷凉气候,适宜年均温度为7~14℃,但以9~14℃生长结果更好。生长季均温12~18℃,6~8月均温18~24℃。冬季最低均温低于-12℃发生冻害,低于-14℃死亡。根系活动需3~4℃,生长适温7~12℃;芽萌动适温8~10℃,开花适温15~18℃,果实发育和花芽分化适温17~25℃;需冷量<7.2℃,低温1200小时。在果实成熟季节,日较差是决定果实品质的重要条件,生产优质苹果不仅需要大于10℃的日较差,更需要较低的夜温,夜温低于17℃时,果皮才能正常发育为红色。

(二)水分

当降水量在500~800mm,而且分布比较均匀或大部分在生长季中,即可基本满足苹果生长需要。年周期中,新梢快速生长期(5月份)和果实迅速膨大期(6月下旬至8月份)需水量多,为需水临界期,应保证水分供应。

(三)光照

苹果喜欢光,要求年日照时数2200～2800小时。年日照少于1500小时或果实生长后期月平均日照时数少于150小时,会降低果实品质;若光照强度低于自然光照强度的30%,则花芽不能形成。

(四)土壤

苹果对土壤的适应范围较广,可利用不同砧木,在pH值5.7～8.2的土壤环境中正常生长,但以土层深厚(不小于60cm)、富含有机质的沙壤土和壤土最好。苹果对土壤的透气性要求较高,当根际的氧气含量低于10%时,根系生长受阻;如果二氧化碳含量达2%～3%时,根系生长停止。

第三节 苹果树的土、肥、水管理

土壤是果树生长与结果的基础,是水分和养分供给的源泉。土壤深厚、土质疏松、通气良好,则土壤中微生物活跃,就能增强土壤肥力,从而有利于根系生长和吸收,对提高果实产量和品质有重要意义。

我国果树广泛栽种于山地、丘陵、沙砾、滩地、平原及内陆盐碱地。这些果园中相当一部分土层瘠薄,结构不良,有机质含量低,偏酸或偏碱,不利于果树的生长与结果。因此,必须在栽植前后改良土壤的理化性状,改善和协调土壤的水、肥、气、热条件,从而增强土壤肥力。若能施用生物磷钾肥(主要含有解磷菌和解钾菌等)会对土壤起到积极的改良作用,并能充分利用土壤中的无效磷钾。

一、土壤改良与管理

(一)果园深翻与耕翻

深翻可加深根系分布层,使根系向土壤深处发展,减少"上浮根",增强抗旱能力和吸收能力,对复壮树势、提高产量和质量有显著效果。生产上常采用隔行或隔株深翻、环状沟扩穴深翻方式,2～3年翻遍全园。果园一年四季均可深翻,但以秋季落叶前完成为好,有利于根系愈合和新根发生。深翻方法为沟宽50～60cm、深60～80cm,深翻结合施基肥效果更好。

土壤耕翻以落叶前后进行为宜,耕翻深度10～20cm。耕翻后不耙以利于土壤风化和冬季积雪,盐碱地耕翻有防止返盐的作用,并有利于防止越冬害虫。

(二)果园覆盖

覆盖能减少水分蒸发,抑制杂草生长,增加土壤有机质含量,保持土壤疏松,透气性好,根系生长期长,吸收根量增多,增强叶片光合能力,增强树势,改善果实品质。覆盖物可选用玉米秸秆、麦秸和杂草等,覆盖在5月上旬灌足水后进行,通常采用树盘内覆盖的方式,厚度15～20cm,于第三年秋末将覆盖物翻于地下,翌年重新覆盖。旱地果园缺乏覆盖物时也可采用薄膜覆盖法。

(三)中耕除草

年降水量较少的地区多采用清耕法,树盘内应保持疏松无草,劳力不足时可采用化学除草剂除草。每次灌水或降水后均应进行中耕,以防地面板结,影响保墒和土壤通透性。雨季过后至采收前可不再进行中耕,使地面生草,以利吸收多余水分和养分,提高果实质量。

(四)客土和改土

过沙和过黏的土壤都不利于苹果树生长,均应进行土壤改良。砂土地可以土压沙或起沙换土,增强土壤肥力;黏土地可掺沙或掺炉灰,提高土壤通气性。改良土壤对提高产量和果品质量均有明显效果。

(五)果园生草

在树盘以外行间播种豆科或禾本科等草种,生草后土壤不耕锄,能减轻土壤冲刷,增加土壤有机质,改善土壤理化性状,增强土壤肥力,提高果实品质。苹果园适宜种植的草种有三叶草、黑麦草、瓦利斯、紫云英、黄豆、苕子等。生草果园要加强水肥管理,于豆科草开花期和禾本科草长到3cm时进行刈割,割下的草覆盖在树盘上。

在苹果园土壤管理方面,最好的形式是行内覆盖、行间生草法。

(六)幼龄果园间作

幼龄果园合理间作可以充分利用土地和空间,增加前期收益,做到以短养长。间作应以不影响果树的生长发育为前提。良好的间作作物应具备的条件是株型矮小,不与果树争光;生育期短,且大量需水肥时期与果树互相错开;与果树无共同病虫害,也不是果树病虫的中间寄主;管理省工,有利于培肥土壤,且具有较高的经济价值。在实际生产中,要因地制宜,完全可以做到合理间作。

二、合理施肥

我国苹果园土壤有机质含量严重不足,因而土壤对矿质养分丰缺的缓冲性大大降低,矿质养分失衡,果实品质下降,严重情况下出现生理性病害,例如缺钙苦痘病、枝干锰中毒等。科学施肥是提高产量、改善品质的关键措施。

(一)苹果需肥特点

1.苹果对矿质营养的需要量

苹果对矿质元素年吸收总量的排列顺序为钙＞钾＞氮＞镁＞磷。氮素在苹果各器官内分布较为均衡,18%在果实内,43%在叶中;钙素在果实内含量仅占全株总钙量的2.5%,而在枝干和根中占44%,叶中占51%;钾在叶、果中含量几乎相等,而在木质部仅占13%;磷多存在于果实中;而镁则多存在于叶内,占71%。根据养分的分配情况,若果实负载量增加,就要相应增加磷、钾的供应,以保证果实的消耗及花芽分化的需要。

2.养分吸收、需求和分配的季节规律

苹果需氮可分三个时期,第一个时期从萌芽到新梢加速生长,为大量需氮期,此期充足的氮素供应对保证开花坐果、新梢及其叶片的生长非常重要,此期前半段时间氮素主要来自贮藏在树体内的氮素,后期逐渐过渡为利用当年吸收的氮素;第二个时期从新梢旺长高峰后到果实采收前,为氮素营养的稳定供应期,此期稳定供应少量氮肥对提高叶片光合作用的活性起重要作用,此期供氮过多影响品质,过少影响产量;第三个时期从采收至落叶,为氮素营养贮备期,此期含量高低对下一年优质器官的分化起重要作用。对磷素而言,一年中苹果树的需求量基本上没有高峰和低谷,而是平稳需求,钾素则以果实迅速膨大期需求量最大。

(二)施肥量控制

苹果施肥应坚持以有机肥为主,配合施用各种化学肥料的原则,使苹果园有机质含量超过1%,最好能达到1.5%以上。化学肥料的施用要注意多元复合,最好施用全素肥料,目前苹果生产在化肥施用上存在着重氮、磷、钾、轻钙、镁及微量元素的倾向,应注意克服。

确定施肥量常用的方法有经验施肥法、田间肥料试验法和营养诊断法(叶分析法)。具体施肥量最简单可行的办法是以结果量为基础,并根据品种特性、树势强弱、树龄、立地条件以及诊断的结果等加以调整。

日本长野县对红富士苹果施肥时,1年树龄幼树每株年施纯氮60g、磷(五氧化二磷)24g、钾(氧化钾)48g;5年树龄初期果树每株年施纯氮300g、磷(五氧化二磷)120g、钾(氧化钾)240g;10~20年树龄树每株年施纯氮600~1200g、磷(五氧化二磷)240~480g、钾(氧化钾)480~960g。

关于氮、磷、钾的配合比例,因地区条件不同而变化,美国使用氮:五氧化二磷:氧化钾比例为4:4:3,日本多用2:1:2。我国渤海湾地区棕黄土上幼树期为2:2:1或1:2:1,结果期为2:1:2。黄土高原地区土壤含磷量低,又多为钙质土,磷易固定,施磷后增产效果明显,三要素的比例为1:1:1。

确定施用量可以用下列公式计算:施肥量=(果树吸收肥料元素量-土壤供肥量)/肥料利用率。

肥料利用率一般氮50%、磷30%、钾40%,土壤供肥量按氮为吸收量的1/3,磷、钾约为吸收量的1/2进行计算。若在生产中推广应用生物磷钾肥,可大大提高磷、钾的利用率。

此外,不同苹果品种间需肥量也存在差异。红富士苹果氮肥的需要量较少,与一般品种相比,几乎可减少一半,但对磷、钾的需要量较多。对短枝型的红星而言,由于其早果性和丰产性比普通型好,早期需肥量较高,并且对氮、磷的需要比钾更迫切,施肥时应增加氮、磷的比例。

(三)施肥时期

苹果树施肥一般分作基肥和追肥两种,具体施肥的时间,因品种、树体的生长结果状况以及施肥方法有所变化,不同时期,施肥的种类、数量和方法也都有所不同。

1.基肥

施用以有机肥料为主的基肥,以秋季施入最好。秋施基肥的时间,中熟品种以采收后、晚熟品种以采收前为最佳。秋季基肥的主要优点有:一是施肥断根可抑制果树徒长,有利于果实发育和营养物质积累。二是此期正值地上养分回流,根系生长旺盛,有利于新根生长。三是此时地温尚高,有利于肥料分解,当年即可利用一部分,对提高树体营养水平和越冬大有益处。

基肥是苹果园施肥制度中的重要环节,也是全年施肥的基础。施用基肥时,要把有机肥料和速效肥料结合施用。有机肥料宜以迟效性和半迟效性肥料为主,例如猪圈粪、牛马粪和人粪尿等,根据结果量一次施足;速效性肥料主要是氮素化肥和过磷酸钙,为了充分发挥肥效,可先将几种肥料一起堆腐,然后拌匀施用。

基肥的施用量按有效成分计算,宜占全年总施肥量的70%左右,其中化肥量应占全年的2/5。烟台苹果产区基肥中,速效氮的施用量一般占全年总施氮量的2/3;另外1/3根据苹果树的生长结果状况,在发芽、开花前或花芽分化前追施。周厚基等根据全国化肥试验结果认为,对于长势较弱的苹果树,氮肥应以秋施为主,施氮量占全年总施氮量的2/3,以促进树体的营养生长。

2.追肥

追肥指于生长季根据树体的需要而追加、补充的速效性肥料,是果树生产中不可缺少的施肥环节。追肥时期和数量应因树、因地灵活安排(如表4-1所示)。

表4-1　分期追施氮肥(硫酸铵)对提高苹果(国光)产量的影响(17～22年树龄果树)

处理	产量(千克/株)	与对照比较(%)
花前施用1次	244.7	114.6
花芽分化前施用1次	287.6	134.7
果实膨大期施用1次	248.0	116.2
花前和花芽分化前各施用1/2量	260.0	121.8
落花后和果实膨大期各施用1/2量	283.2	132.9
花前、花芽分化前和果实膨大期各施用1/3量	241.1	112.9
对照(不施肥)	213.5	100.0
落花后施用1次	259.9	121.7

(1)花前追肥。3月下旬至4月上旬果树萌芽前进行。果树萌芽开花需消耗大量营养物质,但早春土温较低,吸收根发生较少,吸收能力也较差,主要消耗树体贮存养分。若树体营养水平较低,此时氮肥供应不足,则导致大量落花落果,影响营养生长,对树体不利。此期果树对氮肥敏感,及时追施少量氮肥能满足开花坐果的需要,提高坐果率。对弱树、老树和结果过多的大树,应加大施肥量;若树势强,基肥数量较充足,花前肥也可推迟至花后。北方多数地区早春干旱少雨,追肥必须结合灌水,才能充分发挥肥效。

(2)花后追肥。5月中下旬开花后2周进行,此期幼果迅速生长,新梢生长加速,需要大量氮素营养。此期追肥可促进新梢生长,幼果膨大,扩大叶面积,提高光合效能,有利于碳水化合物和蛋白质的形成,减少生理落果。花前肥和花后肥可互相补充,如果花前追肥量大,花后也可不施。此期以氮肥为主,配合磷肥、钾肥。但这次肥料必须根据树种、品种的生物学特性酌情施用。

(3)果实膨大和花芽分化期追肥。一般6月中下旬生理落果后进行,此期部分新梢停止生长,花芽分化开始,果实亦进入快速生长时期。适时追肥有利于果实膨大和花芽分化,又为来年结果打下基础,对克服大小年结果有利。这次施肥应注意氮肥、磷肥、钾肥适当配合。但对结果不多的大树或新梢尚未停止生长的初结果树,要注意氮肥适量施用,否则易引起二次生长,影响花芽分化。

（4）果实生长后期追肥。这次施肥主要解决大量结果造成树体营养物质亏缺和花芽分化的矛盾，尤其以晚熟品种后期追肥更为必要。一般在8月下旬至9月进行，必要时可以与基肥同时施用。此期宜氮肥、磷肥、钾肥配合追施，但对结果多、树势偏弱的树，应加强氮肥的施用。

（四）施肥方法

目前果树生产中有三种施肥方式，即土壤施肥、叶面施肥和树体注射施肥。其中，土壤施肥是主要方式。

1. 土壤施肥

根据果树根系分布特点，果树的施肥部位应在树冠的外缘附近，即树冠投影线内外各1/2比较适宜。有机肥（基肥）应适当深施，要求达到主要根系分布层，一般40～60cm；无机肥料（追肥）可浅施，一般10～15cm。施用有机肥时，必须将肥料与土充分混合后，再填入施肥沟，以利整个根际土壤改良，同时也可避免肥料过于集中而产生的烧根现象。目前，常用以下几种施肥方法：

（1）环状沟施肥。环状沟施肥是在树冠外围稍远处挖环状沟施肥，此法具有操作简便、经济用肥等优点，但易切断水平根，且施肥范围较小，一般多用于幼树。

（2）放射状沟施肥。这种方法较环状施肥伤根较少，但挖沟时也要少伤大根，可以隔次更换放射沟位置，扩大施肥面，促进根系吸收，但施肥部位也存在一定的局限性。

（3）条状沟施肥。在果园行间、株间或隔行开沟施肥，也可结合土壤深翻进行。

（4）穴状施肥。各个年龄时期均可应用，主要用作土壤追肥。

（5）全园施肥。成年果树或密植果园，根系已布满全园时多采用此法。将肥料均匀地撒布园内，再翻入土中。但因施入较浅，常导致根系上浮，降低根系抗逆性。此法若与放射沟施肥隔年更换，可取长补短，发挥肥料的最大效用。

（6）灌溉式施肥。近年来广泛开展灌溉式施肥研究，尤其以与喷灌、滴灌结合进行施肥的较多。任何形式的灌溉式施肥，由于供肥及时，肥料分布均匀,既不伤根系,又保护耕作层土壤结构,节省劳力,肥料利用率高,可提高产量和品质,降低成本,提高劳动生产率。树冠相接的成年树和密植果园更为适合灌溉式施肥。

2.叶面施肥

叶面施肥是利用叶片、嫩枝及果实具有吸收肥料的能力,将液体肥料喷于树体的施肥方法。应注意的是幼叶比老叶、叶背面比正面吸收肥料快、效率高,因此叶面施肥要重点喷叶的背面,要喷得细致、均匀、周到。主要肥料叶面喷施浓度、时期和效果如表4-2所示。

表4-2　根外追肥的适宜浓度

种类	浓度(%)	时期	效果
尿素	0.3～0.5	开花至采果期	提高坐果率,促进生长发育
硫酸铵	0.1～0.2	开花至采收前	提高坐果率,促进生长发育
过磷酸钙	0.1～3.0(浸出液)	新梢停止生长	有利于花芽分化,提高果实质量
草木灰	2.0～3.0(浸出液)	生理落果后,采收前	有利于花芽分化,提高果实质量
氯化钾	0.3～0.5	生理落果后,采收前	有利于花芽分化,提高果实质量
硫酸钾	0.3～0.5	生理落果后,采收前	有利于花芽分化,提高果实质量
磷酸二氢钾	0.2～0.3	生理落果后,采收前	有利于花芽分化,提高果实质量
硫酸锌	3～5	萌芽前3～4周	防止小叶病
	0.5	发芽后	
硼酸	1.0	发芽前后	提高坐果率
	0.1～0.3	盛花期	
硼砂	0.2～0.5(加适量生石灰)	5～6月	防缩果病
柠檬酸铁	0.05～0.1	生长季	预防缺铁黄叶病

3.树体注射施肥

树体注射施肥是利用高压将果树所需要的肥料从树干强行注入树体,靠机具持续的压力,将进入树体的液体输送到根、枝和叶部的施肥方法。此法见效快,肥料利用率高,不仅可直接为果树利用,还可以贮藏到木质部中,长期发挥效力。其主要用于矫治果树生理缺素病,效果明显优于其他办法。如矫治苹果缺铁失绿症,注射硝黄铁肥(单碳硝基黄腐酸铁),5～6天叶片开始变绿,10～15天全树叶片恢复正常,注射1次有效期可达4年以上,树体注射时间以春(芽萌动期)、秋(采果后)两季效果最好。[①]

三、灌水和排水

当土壤含水量低于田间持水量的60%时,就需灌溉。具体灌水时期和灌水量应依天气状况和树体生长状况灵活掌握。多数情况下,应在萌芽前后至开花期、新梢生长和幼果膨大期、果实迅速膨大至花芽分化期以及采果后至休眠期灌水,7～8月雨季注意排水防涝。不同树体类型也应区别对待,生长势弱的树体要确保水分供应;而旺长树体要适当控水,新梢旺长期控水有利于控旺促花;对于幼旺树,除萌芽前和秋季灌水外,新梢旺长期只要叶片不萎蔫,可以不灌水。另外,灌水量也应与土壤管理制度相结合,实行覆盖制的果园应适当减少灌水量。

土壤水分过多,氧气不足,抑制果树根系的呼吸,降低吸收机能,严重缺氧时,引起根系死亡。同时,地上部分表现出与缺水相同的症状,如叶片萎蔫、叶黄枯焦、落叶,甚至整株死亡。因此,及时排除土壤中过多水分,对果树正常生育意义重大。排水方法有明沟排水和暗沟排水两种,目前生产中仍以明沟排水为主。

第四节　苹果主要树形及整形修剪技术

由于矮化密植已成为苹果栽培的主要方式,近几年来,苹果的整形修剪技术发生了重大变化。树冠由大冠变小冠,结构由复杂变简单,修剪时期由重视休眠期变为休眠期与生长期并重,修剪方法由重视短截变为

---

① 关荣智. 苹果园的土肥水及花果管理[J]. 农业与技术, 2015, 35, (22):143.

重视长放,修剪程度由重变轻。苹果树形很多(如图4-1所示),栽植密度是影响树形选择的主要因素。

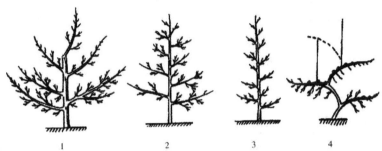

1—小冠疏层形;2—自由纺锤形;3—细长纺锤形;4—折叠式扇形

图4-1　几种树形示意图

一、疏散分层形

疏散分层形为乔化稀植苹果树的主要树形,其基本结构为主干高50~70cm,全树有主枝5~7个。第一层3个主枝邻接或邻近,相距在20~40cm,在1~2年内选定。主枝的开张角为60°~70°。第二层1~2个主枝,第三层2个主枝(三杈枝落头)。第一层主枝(基部三主枝)距第二层主枝层间距100~120cm,第二层与第三层的层间距可为50~70cm。基部3个主枝各有侧枝2~4个,上层主枝各有侧枝1~3个。中心干全长2~2.5m。树高在4~5m,冠径5~7m。从一年生苗定植算起,平均每年留成一个主枝,到落头完毕,需13~15年。

二、小冠疏层形

小冠疏层形是疏散分层形的改良树形,树体变小,适宜于株行距3~4m×4~5m的栽植密度。

(一)小冠疏层形的树体结构

干高50~60cm,树高3~4m,冠幅约2.5m,具有中央领导干,干可直可曲。全树主枝5~6个,呈3—2—1排列,第一层3个主枝,第二层2个主枝,第三层1个主枝,三层以上开心。层间距较小,第一层和第二层间距80~100cm,第二层和第三层间距50~60cm,层内距15~20cm。或者主枝分两层,即第一层3个主枝,第二层2个主枝,层间距80~100cm,层内距20~30cm。第一层3个主枝上可配置1~2个背侧枝,第二层以上主枝不留侧枝。各主枝角度较开张,以60°~80°为宜,下层主枝角度大于上层,各主枝上合理配置中小型枝组。

(二)小冠疏层形的整形修剪技术要点

苗木定植后至春季发芽前,于地上60~80cm饱满芽处定干,剪口下20cm为整形带,选择整形带内的饱满芽,用刻芽技术促使芽体萌发、抽枝。当年冬剪时选出第一层主枝和中央领导干,长枝一律轻截或中截,可在翌年扩大树冠,增加枝叶量。对辅养枝缓放,增加短枝量。翌年春拉开主枝及辅养枝角度,主枝基角60°~80°,辅养枝可拉平呈90°。

从翌年冬剪开始,每年按整形的要求选留主侧枝和二层主枝。4年后,树冠基本成形,在修剪中以轻剪缓放为主,对主侧枝延长头如有空间进行轻短截,否则一律缓放,不短截。辅养枝、临时枝、过渡层枝以缓放促发短枝、提早结果为主,疏除过密、过强的徒长枝及背上枝。5年后,开始大量结果,及时、有计划地清理辅养枝,分期分批地控制和疏除。

三、自由纺锤形

(一)自由纺锤形的树体结构

主干较高,60~70cm,中干直立挺拔,树高3m左右,冠幅2.5~3m,中干上均衡配备主枝10~15个,主枝不留侧枝,主枝间距15~20cm,平展地向四面八方延伸,互相插空分布,下部主枝长约1.5m,往上主枝逐渐短、小,同方向主枝间距应大于50cm。下部主枝开张角度70°~90°,其上留稍大枝组;上部主枝角度稍小,其上留稍小枝组。全树呈下大上小的纺锤形,各级主轴间(中干—主枝—枝组轴)从属关系分明,差异明显,各为母枝的1/3~1/2,当主枝粗度为中心干的1/2时,应及时更新回缩。

(二)自由纺锤形的整形修剪技术要点

自由纺锤形只有主枝,不留侧枝,简化整形手续,缩短了成形时间,树体紧凑,树冠开张,树势缓和,适于密植。

要求苗木健壮,苗高1m左右。定干要高,一般80~100cm。萌芽前,在剪口下30cm的枝段内按所需主梢发生位置进行芽上双重刻伤(深刻两道),促发长梢,以拉开主枝枝距,称为"高定干,低刻芽",当年即可抽生3～5个主枝。如果是壮苗,高度在100～120cm,建园质量高,缓苗期短,栽后可不定干,完全靠定位双重芽上刻伤,以促发所需主枝,并在夏季进行适当调整。如果苗木质量差或是矮弱苗,应进行重短截,待重发后第一年新梢长到80cm以上时摘心,促发二次枝,作为主枝预备枝。

为尽早培养树形,促发下部新生枝条,保持中央干优势,结合夏季修剪,及时抹除过密新梢,并对上部将来选为主枝的2～3个过强新梢(长到15～20cm)摘心,抑制其新梢旺长,控上促下,均衡势力。

二年生以后,缓苗期已过,中干一般较强,为了防止中心干上主枝脱空,对中干留40～50cm短截,下部选方向适宜的进行双重刻芽促梢,并控制剪口下的竞争枝。上部新梢过强时,用夏季摘心或短截方法控制其生长。中心干势力中庸时,可不短截,有选择性地在发枝处进行秋、春两次刻芽,解决主枝布局问题。

对于主枝,前期基本不短截或轻短截,单轴延伸,拉平缓放。势力不均衡时,可做适当调整。生长过旺主枝可于萌芽前刻芽,促发短枝,防止下部光秃。对于主枝枝组的培养,幼树阶段重点是两侧和背下,背上枝组矮小,枝量要少。结合夏季修剪,及时抹除背上过多芽,一般20～30cm选留一个,待保留芽生长到15～20cm时进行捋梢或扭梢,及时培养成小型结果枝组。

3～4年后,树冠基本形成,及时疏除直立、过旺、过大、过密枝,保持中心干的优势。对主枝应拉枝开角,缓和势力,主枝延伸枝过长、过大时,及时回缩、更新或疏除。主枝角度小时要继续拉枝,以缓放、轻短截为主,结合夏季管理(捋梢、扭梢、摘心等),及时培养中结果枝组,主枝上枝组不可太密,一般1m范围内留10个左右小枝组为宜,过多者及时疏除。疏除中心干的竞争枝和主枝延长头的过密枝条,保持单轴延伸,防止上部和外围势力过强。

四、细长纺锤形

细长纺锤形比自由纺锤形还要细小,因而更适于矮化密植的需要,适宜株距2m左右、行距3～4m的栽植密度。

(一)细长纺锤形的树体结构

一般树高2~3m,冠径1.5~2m,在中心领导干上均匀分布势力相近的小主枝15~20个,下部略长而上部略短,全树瘦长,整个树冠呈细长圆锥形。

(二)细长纺锤形的整形修剪技术要点

一年生时,春季发芽前定干80~100cm,若苗木粗壮、根系发达、建园基础好,可在100~120cm处定干,在60~80cm双重刻芽,促发分枝培养侧生主枝,对上部过强过密、方向不适宜的芽及早抹除。上部新梢生长15~20cm时摘心,控上促下,维持势力均衡。

二年生时,选上部生长较壮枝条,作中心领导干的延长枝,若生长过强,可剪留50cm,在其下部选留4~5个生长中庸的枝条培养侧生小主枝,只长放,不短截,以缓和势力,其余枝条作铺养枝处理,并采取多留、长放、不截的方法,及时疏除长势过旺、过强的枝条。所有选留的主枝一律拉平,并结合春季刻芽和生长季背上抹芽、扭梢等夏季管理。

三年生时,在中央领导干上部选一个较壮的枝条作为延长枝,在延长枝下部每年选4~5个与下部侧生枝不重叠的小主枝,若不足可用双重刻芽或秋、春二次刻芽法促发分枝,每年对所有小主枝和辅养枝全部拉平(70°~90°),并采用萌芽前刻芽方法促发短枝,提早结果。

3~4年后,树冠基本形成,枝量太多时及时疏除辅养枝,基部主枝太粗(主干1/3左右)时应及时更新、回缩。

纺锤形的树体培养过程遵循冬夏结合、以夏为主的原则,充分采取拉枝、抹芽、刻芽、扭梢、环剥等措施,才能成形快、结果早、树势稳定、优质、丰产。

五、圆柱形

圆柱形是株距较小(2m以下)、栽植密度较大(111株以上)条件下的一种小冠形,树体干性强,没有骨干枝,结果枝组直接着生在领导干上,水平方向延伸,树冠更小、更细,上下、大小相近,外形似圆柱体状,生产上便于更新和密植。

六、扇形

扇形是一个垂直扁平状的小冠形,适于行间较小、株距较大的栽植方式。树冠形成扁平树篱状群体,使树冠两面通风受光。扇形分主干直立扇形和曲式扇形两大类。

直立扇形中心干直立居中,其上分层或不分层,直接着生小主枝,主枝方向伸向行内或略有偏斜,其上直接着生结果枝组,使树冠形成厚度小于2m的扁平扇状。树高2.5~3m,主枝6~7个。

折叠式扇形能充分利用中干优势,有效地控制上强,整形时将中心干顺行向左右拉倒,使中干变成主枝,每年培养中央领导干,树高2.5m左右,主枝6~12个。

以上六种小冠树形是目前国内外常用的树形,而我国小冠疏层形和纺锤形应用较多,比较普遍。[1]

---

① 雷颖,蒲莉,任继文. 苹果树整形修剪实用图谱[M]. 兰州:甘肃科学技术出版社,2012.

第五章 猕猴桃的栽培技术

第一节 猕猴桃的生物学特性

一、猕猴桃的形态特征

猕猴桃是多年生落叶藤本果树,自然条件下依靠攀缘其他树木或物体生长,树势强健,高可达十余米。树干表面粗糙,灰褐色,呈龟裂状,木材较疏松。

(一)猕猴桃的根

猕猴桃根为肉质根,初生时为白色,不久转为淡黄色,后变为黄褐色或黑褐色。老根表皮常发生龟裂状剥落,内皮层为粉红或暗红色。

猕猴桃主根不发达,侧根和细根多而密集。幼苗出现2~3片真叶时,主根就逐渐停止生长,侧根生长速度加快,逐渐替代主根的生长,常发生大量粗度近似的分生根,形成类似簇生性的侧根群,呈须根状根系。

随着树龄的增长,侧根沿水平方向向四周扩展,呈扭曲状,并间歇交互生长,其中的一条或几条侧根逐渐加粗,根的基部和顶端粗度几乎相等。3~4年生的侧根成为骨干根,在其上每隔30~40cm发出须根,形成一个庞大的侧根群,加上根尖部的一些须根,构成猕猴桃的主要吸收根。

(二)猕猴桃的枝蔓

嫩枝颜色以绿色为主,被灰棕色或锈褐色柔毛,木质化时有圆形或长形的皮孔出现,皮孔的多少、形状和突起程度因品种有别。一年生枝多为绿色或褐绿色,无毛或被茸毛、长硬刺毛;多年生枝黑褐色或灰褐色,茸毛多脱落,皮呈块状翘裂,易剥落。

枝蔓中部有髓,分实心和片层状两种。新梢的髓呈片层状,黄绿、褐绿或棕褐色。随枝蔓老熟,髓部变大,多呈圆形,髓片褐色。木质部组织疏松,导管大而多;韧皮部皮层薄。枝蔓的横切面有许多小孔,年轮不易辨别。

猕猴桃的枝条顶端在生长后期自行枯死,这称为"自枯"现象。自枯期的早晚与枝梢生长状况密切相关,生长弱的枝条自枯早,而生长势强的枝条直至生长停止时才出现自枯。

当年萌发的枝蔓,根据其性质不同,可分为结果枝和营养枝两种。

1.结果枝

雌株上能开花结果的枝条称为结果枝,而雄株上只开花不结果的枝,称为花枝。根据枝条的发育程度和长度,结果枝又可分为徒长性结果枝(150cm 以上)、长果枝(50~150cm)、中果枝(30~50cm)、短果枝(10~30cm)和短缩果枝(10cm 以下)。

2.营养枝

也叫生长枝,是指仅进行枝、叶器官的营养生长而不能开花结果的枝条。根据生长势强弱,可将营养枝分为徒长枝、营养枝和短枝。

(三)猕猴桃的芽

着生在叶腋间隆起的海绵状芽座中,芽外包裹有3~5片黄褐色鳞片。通常1个叶腋间有1~3个芽,中间较大的为主芽,两侧较小的为副芽。主芽易萌发成为新梢,副芽在主芽受伤时才能萌发。

主芽有叶芽和花芽之分,叶芽萌发生长为营养枝制造营养。花芽为混合芽,一般比较饱满,萌发后先抽生枝条,然后在新梢中下部的几个叶腋间形成花蕾,开花结果。开花、结果部位的叶腋间不再形成芽而变为盲节。

猕猴桃的芽有早熟性,当年生新梢上的腋芽会因各种因素的影响而萌发抽枝,形成二次枝、三次枝。

(四)猕猴桃的叶

猕猴桃的叶为单叶互生,以螺旋状叶序着生在枝条上,叶的大小从基部顺着枝条向上依次增大,到第8片叶时叶面积最大,从这个部位以上的枝条中部叶片成熟后大小与此叶相近,长5~20cm,宽6~18cm,枝条上部的叶面积较小。

猕猴桃的叶片大而薄,纸质或半革质,叶形有近圆形、卵圆形、椭圆形、扇形、披针形等,先端呈渐尖、急尖、浑网、平截或凹入等形状,基部呈圆形、心脏形、楔形等。叶面为黄绿色、绿色或深绿色,具光泽。背面浅绿色,主脉和侧脉上有刺状毛或柔毛,细脉、网脉上有星状毛。叶柄长,黄绿、微红或水红色,上具长短不一的绒毛。

叶片形状随着其在枝条上着生的位置不同而有所差异,基部的过渡叶先端多微缺或凹陷,渐次过渡到第8叶的微凹或平截。大约从第11叶后,叶具细尖变为突尖,枝条顶部的叶片先端则变为渐尖。

(五)猕猴桃的花

猕猴桃为雌雄异株植物,即花分为雌花和雄花。雌花和雄花从形态上来讲都是两性花,但由于雌花的花粉败育,雄花的子房与柱头萎缩,生理上为单性花。

1.雌花

雌花在结果枝叶腋着生,通常只有1～3朵。子房上位,子房体形较大,呈扁球形,密生白色绒毛,由40个左右的心皮合生而成,为典型的中轴胎座。花柱基部联合,21～24枚白色柱头呈放射状排列,子房内部含多数发育正常的倒生胚珠。

2.雄花

每节位上有3～7朵花,组成复聚伞花序,花型较雌花小。雌蕊退化,子房极小,几乎无花柱和柱头,子房内只有20多个心皮,但无胚珠。

(六)猕猴桃的果实

猕猴桃果实为浆果,表皮无毛或被茸毛、硬刺毛;果实形状有近圆形、椭圆形、圆柱形、卵圆形、纺锤形等;果皮颜色有绿、黄绿、褐、棕褐和绿褐色等;果肉颜色有绿、黄、黄绿、绿黄、黄白、红等。

果实由多心皮上位子房发育而成,每果实有26～41枚心皮,每心皮中含有11～45个胚珠,分两排着生在中轴胎座上。果实上的萼片宿存,果面被褐色多列毛,成熟时毛已枯死,在成熟和采收的过程中常因摩擦而脱落,而干缩、枯萎的雄蕊和花柱仍然保留在果实顶端。

从表皮层向内到柱状微管束的外圈是外果皮,由薄壁细胞组成,绿色或黄色。从微管束外圈向内到果心之外为内果皮,由内层伸长的隔膜细胞组成,绿色或偶有红色,从果顶纵长地达到果实基部,心皮被包含其中。每块心皮内含有20～40粒种子。中轴胎座近白色,由大而结合紧密的薄壁细胞组成柱状体,末端有一个硬的圆锥形结构与果柄相连,在其顶端有一硬化的组织与枯萎的雄蕊和花柱相连。

猕猴桃的种子很小,千粒重1.1～1.5g。形状多为偏长圆形,种皮骨质。成熟新鲜的种子多为棕褐色或黑褐色,干燥的种子黄褐色,表面有蜂巢状网纹。[①]

二、猕猴桃生长发育规律

(一)猕猴桃的生长习性

1.根的生长

猕猴桃根系的生长随一年气候的变化而变化。根系在土壤温度8℃时开始活动,20℃左右进入生长高峰期。若温度继续升高,生长速率开始下降,30℃左右时新根生长基本停止。在温暖地区,只要温度适宜,根系可常年生长而无明显的休眠期。

根系的生长常与新梢生长交替进行,第一次生长高峰期出现在新梢迅速生长后的6月份,第二个高峰期在果实发育后期的9月份。在高温干旱的夏季和寒冷的冬季,根系生长缓慢或停止活动。

2.枝蔓的生长

猕猴桃新梢全年的生长期为170～190天,在北方地区,一般有2个生长阶段,从4月中旬展叶到6月中旬大部分新梢停止生长,为第一个生长期,在4月末到5月中旬形成第一个生长高峰;从7月初大部分停止生长的枝条重新开始生长起到9月初枝条生长逐渐停止为第2个生长期,在8月上、中旬形成第二个生长高峰;在南方地区,9月上旬到10月中旬还会出现第3个生长期,并在9月中、下旬形成第三个生长高峰,但强度比前两次高峰要小得多。

枝条的加粗生长主要集中于前期,5月上、中旬至下旬加粗生长,形

---

①齐秀娟.猕猴桃实用栽培技术[M].北京:中国科学技术出版社,2017.

成第一次高峰期,至7月上旬又出现小的增粗高峰,之后便趋于缓慢增粗,直至停止。

3.叶的生长

猕猴桃叶片生长是从芽萌动开始,展叶以后随着枝条生长而生长,当枝条生长最快的时候,叶子生长也最迅速。正常叶从展叶到最终叶面大,需要35～40天。展叶后的第10～25天是叶片迅速生长期,此期的叶面积可达到最终叶面积的90%左右。

叶龄小于22天的叶片制造的光合产物不能满足本身生长的需要,要不断从成龄叶输入碳素营养物质;叶龄22～24天时叶片的光合产物输入和输出达到平衡,叶片光合作用已能满足本身需要,但不能进行光合产物净输出。从展叶后25天起,叶片制造的光合产物除满足本身需要外已有剩余,开始大量输出光合产物。

(二)猕猴桃的结果习性

1.花着生的规律

猕猴桃的结果枝从结果母枝的中上部萌发,花一般着生在结果枝(花枝)从基部起第2～9节的叶腋,每一结枝的花数多少与品种及结果枝的营养状况有关。一般每个结果枝上可有5～7个节位结果,但营养不良时形成的有效花很少,只有2～3个。

2.花芽分化

猕猴桃花芽的生理分化一般在上半年夏、秋季完成生理分化,形成花芽原基,在来年春季形态分化开始前,花器原基只是数量增加、体积变肥大,形态上并不进行分化,从外观上无法与叶芽相区别。形态分化从春季芽萌动开始,到花蕾露白前完成,总共历经50～60天。

形态分化一般先从结果母枝下部节位的腋芽原基开始,先分化出花序原基,再分化出顶花及侧花原基。花原基形成后,花的各部位便按照向心顺序,先外后内依次分化。

花芽的形态分化可分花序原基、花原基、花萼原基、花瓣原基、雄蕊原基、雌蕊原基分化期等六个时期。

3.猕猴桃花开放

猕猴桃的花期因种类、品种而差异较大,同时也受环境的影响。就一株树而言,开花顺序常为先内后外,先下后上;同一果枝或花枝上,枝条中部花先开;同一花序中,中心花先开,两侧花后开。

雌花从显蕾到花瓣开裂需要35～40天,雄花则需要30～35天。雌花开放后3～6天落瓣,雄花为2～4天。雌株花期多为5～7天,雄株则达7～12天,长的可到15天。

花初开时为白色、乳白色,后变为淡黄色至橙黄色,花谢后变为褐色,逐渐凋落。

绝大部分花集中在清晨4～5时开放,7时后雌花开放得较少,少量雄花也有下午开放的。但在晴天转为多云的天气,全天都可有少量的雌、雄花开放。花粉囊在天气晴朗的上午8时左右开裂,如遇雨则在8时后开裂。

4.果实生长

从落花后到果实成熟,果实的生长发育期为130～160天。果实生长发育的完整曲线呈S形,大致分为三个阶段:第一阶段为花后50～60天,果实迅速膨大,先是由果心、内外果皮细胞的分裂引起,然后是细胞体积的增大所致,其生长量达总生长量的70%～80%,为迅速生长期。内含物主要是碳水化合物和有机酸,其增加程度同果实迅速生长的速度。第二阶段为迅速生长期后40～50天,果实生长缓慢。外果皮细胞的扩大基本停滞,内果皮细胞继续扩大,果心细胞继续分裂和扩大,但速度大大降低,果实增大速率显著减缓。果皮颜色由淡黄转变为浅褐色,种子由白色变为褐色。内含物淀粉及柠檬酸迅速积累,糖的含量则处于较低水平。第三阶段为缓慢生长期后40～50天,此期果实体积增长量小,但营养物质的浓度提高很快,果皮转变为褐色,果汁增多,淀粉含量下降,糖分积累,风味增浓,出现品种固有的品质。

三、猕猴桃的物候期

物候期是指果树一年中随着四季气候变化,逐步进行各种生命活动的现象,反映果树与环境条件的统一性。猕猴桃物候期是制定相应栽培技术措施的依据,猕猴桃树的物候期主要有伤流期、萌芽期、展叶期、开花期、果实生长成熟期、落叶休眠期。

(一)伤流期

伤流期的显著特点是植株任何部位受伤后不断流出树液,从早春萌芽前约1个月到萌芽后约2个月一直持续,近3个月。此期是根系生命活动的开始,应避免造成伤口而导致营养流失。

(二)萌芽期

萌芽期全树大约有5%的芽开始膨大,鳞片裂开,微露绿色,该期大约20天。此期芽内进行着结果枝蔓的分化和花序的分化。根系根压较大,进入第一个生长高峰期,伤流进入盛期。

(三)展叶期

展叶期全树大约5%芽的叶片展开开始,从展开到2/3叶片大小时,由异养型转为自养型,直到长成完全叶,叶片则转为营养输出型。此期花芽形态分化期也完成了花柄、花萼、花瓣、雄蕊、花药、柱头、雌蕊、外果皮和内果皮的分化等单花器官的分化。

(四)开花期

1.显蕾期

全树5%的枝蔓基部出现花蕾,处于花芽分化的末期。根系生长旺盛,伤流严重。树体营养消耗大,蕾期要施1次花前肥以增加养分供应。

2.始花期

全树有5%的花朵开放,根系进入缓慢生长期,伤流减弱,但未停止。

3.盛花期

全树花朵开放达到了75%,此时需进行果园放蜂或人工授粉,利于形成果形端正的优质果。

4.终花期

全树75%的花朵花瓣凋落,进入果实生长阶段。

(五)果实生长成熟期

1.果实生长期

花后50～60天,进入果实的体积迅速增大、鲜重迅速增加的膨大生长期,由果实细胞分化引起的细胞数增加和细胞体积的增大所引起,生长量可达总生长量的70%～80%。此期的营养供给十分重要,需追施1次膨大肥,促进果实发育成大果和均匀度一致。当75%的果实体积停止迅速生长时进入缓慢生长期,大约1个月,此时主要为营养物质的积累阶段,也是根系的第二次迅速生长期和夏梢迅速生长期。

2.果实成熟期

果实达到成熟的程度,果实内的营养物质处于不断积累时期,大约1个月时间。此期主要是糖类先增后减(转化为淀粉积累),有机酸缓慢上升后稍有下降并相对稳定,可溶性固形物则一直上升。当果实的可溶性固形物含量达到6.5%时,基本达到采收标准,要适期采收,早采会影响果实的耐贮性和风味。

(六)落叶休眠期

落叶期指全树5%～75%的叶片脱落的时期,是一年生长的结束、休眠期的开始。休眠期一直持续到来年芽膨大时(或伤流期的开始),休眠期果树生命活动缓慢,要做好冬季防寒、防冻和修剪工作。

第二节 猕猴桃的苗木繁育技术

一、猕猴桃实生苗的培育

(一)猕猴桃种子采集

野生美味系猕猴桃是猕猴桃的优良砧木,抗逆性强,用其种子播种的实生苗可以用来嫁接猕猴桃优良品种,培育成成品苗木。

在9月下旬到10月上旬,猕猴桃果实充分成熟的时候,采摘野生美味系猕猴桃,采回后于通风处堆放,防止果实发烧致种子霉变。待果肉完全软化后将果肉和种子一起挤出,放入纱袋或尼龙袋中反复淘洗以去除果肉,洗净的种子阴干后装入布袋内,保存于通风干燥、无鼠害的地方。

(二)猕猴桃种子沙藏

猕猴桃种子从11月下旬到12月下旬开始进行沙藏处理,以保证出苗率。将种子与湿沙按1:10~1:20比例混合,河沙湿度以手握成团、掌心湿润为宜。沙子和种子充分混匀后装入尼龙袋,放在背风、阴凉处的沙堆中,也可放入贮存水果的冷库。每20天检查一次沙子水分含量,翻动沙子,保证种子透气良好,防止沙子过干或者霉变。沙藏50~70天,50%左右的种子露白即可播种。

(三)猕猴桃的播种育苗

1.大田育苗

猕猴桃育苗对苗圃地有严格的要求,猕猴桃喜弱酸性土壤,育苗地应选择pH值小于7.5的沙壤土地块,地势平坦,有灌溉条件,排水方便,易遮阴,避免重茬。

猕猴桃的种子很小,破土能力差。播种前1个月应整理苗床,将土翻耕,打碎土块,除去杂草。播种前一周用五氯酚钠、菌毒清或多菌灵等加毒死蜱乳油300倍液进行土壤消毒后深翻耙细,以预防立枯病菌、猝倒病菌感染,防止地下害虫危害。

播前开沟,做成1.5m宽的畦,苗床使用pH值5.5~6.5的沙壤土,使用腐熟的有机肥,播种3~7天前将苗床浇透水,待土壤湿度适宜、日均温度为11~12℃时播种。把混有沙的种子均匀地撒在畦面上,播后覆0.2~0.3cm厚的细沙子,覆盖草帘或草席,洒足水,保湿、遮阳。

在苗高1~2cm时可以揭去覆盖物,搭盖拱棚或遮阴棚以遮风、挡光、保湿;当幼苗长至3cm时,除去弱小病虫苗,待长至3~4片真叶时即可移栽至营养钵中继续育苗。移栽时选无风、无强光的阴雨天或晴天的早晚时分进行,以免晒伤幼苗。边起边移,移栽后要立即浇水。

2.温室育苗

温室育苗是一种快繁种苗方法,当年育苗当年嫁接,比普通的育苗方法节省1～2年时间。

在穴盘或苗床中于温室内播种,使用地热线加热,促进种子的萌发,加快幼苗的生长。当幼苗长出3～4片真叶时进行第一次移栽,将幼苗从穴盘中单苗移栽至塑料营养钵中,边起边移,移栽后立即灌水,在温室中继续育苗。注意每天喷水保湿,期间根据幼苗大小选择不同尺寸的营养钵进行再次移栽。如果幼苗长势较好,也可以转移至户外继续育苗,注意转移后需要搭盖遮阴棚或遮阴网,以免被晒伤。

温室育苗不但缩短了育苗的时间,而且不受季节、天气、温度的限制,一年四季都可以育苗。

(四)猕猴桃的苗期管理

1.遮阴浇水

当出苗30%时,要揭去一半覆草,出苗约80%时则全部去除,以免杂草滋生和影响幼苗通风透光。揭草必须在阴天或晴天下午4点后进行,以免幼苗突然遇到烈日而灼伤。揭草过程要轻,以免伤及刚出土的幼苗,并及时遮阴,遮阴度以有光影斑为宜。遮阴棚搭好后要妥善管理,做到"三盖三揭",即白天盖,夜晚揭;晴天盖,阴天揭;大雨盖,小雨揭。浇水以勤、匀、细为原则,前期用喷洒方法保持土壤湿润,后期沟灌以不淹畦面为度。

2.追肥、防病虫害

幼苗生长到有2片真叶后开始追肥,本着量少次多的原则,每隔2～3周追施稀薄腐熟的人粪尿或0.1%～0.3%尿素水溶液。施肥后应喷水洗叶,以防幼叶沾肥烧坏。切忌把尿素直接撒入苗床或浇施未腐熟的人粪尿,造成叶部或根部局部积肥过量而"烧苗"致死。幼苗长到30cm高时,减少氮肥用量,增施P、K肥,如喷0.2%～0.3%磷酸二氢钾溶液,促使幼苗生长充实粗壮。野生种子播种的猕猴桃茎、叶附生茸毛较多,抗病虫能力强,地面撒施草木灰,可防治立枯病。早晨到苗畦检查,发现倒苗时,可扒开苗根附近的表土,人工捕杀地老虎等地下害虫。

3.间苗、移苗

当幼苗长有3~5片真叶时,应及时间苗,剔除弱苗、病苗和畸形苗,过密的壮苗进行移栽。移栽前10天左右,选阴天、多云天揭遮阴棚炼苗,并在前2~3天浇透水,以利移栽时少伤根系、多带土,有利于移苗成活。选择阴天或晴天的傍晚进行移栽,做到边起苗,边移栽,边浇水,边插树枝遮阴,移栽的株行距为8~10cm×15~20cm。此时植株叶面积小、蒸发少、根系少,移栽成活率可达90%以上。原苗畦的留畦苗,苗距保持5~10cm即可。至8月份当苗高40cm以上时可行多次摘心,除去茎基萌芽,促进苗木的增粗生长。[①]

二、猕猴桃嫁接技术

种子繁殖的实生苗不能保持原有品种的全部优良性状,且结果比较晚,一般需要3~5年。猕猴桃实生苗还有雌雄株的差异,在未开花之前很难从外观上区别,因此,除了进行育种之外,一般培育的实生苗都是作为嫁接用的砧木。用种子培育实生苗或先繁殖砧木,然后在上面嫁接栽培品种,是目前果树繁殖采用最广泛的方法,它是选用现有的优良品种的一个芽或一段有芽的枝段(接穗),接到一株苗子(砧木)上,使接穗生长发育成地上部器官,利用砧木的根系吸收、供应养料和水分,二者结合,形成一个完整的植株。

（一）猕猴桃嫁接原理

植物的再生能力最旺盛的地方是形成层,它位于植物的木质部和韧皮部之间。形成层可从外侧的韧皮部和内侧的木质部吸收水分和矿物质,使自身不断分裂,向内产生木质部,向外产生韧皮部,使植株的枝干不断增粗。嫁接就是使接穗和砧木各自创伤面形成层相互密接,因创伤刺激,产生了一种刺激细胞分裂的创伤激素。在创伤激素的影响下,双方形成层细胞、髓射线、未成熟的木质部细胞和韧皮部细胞,都恢复了分裂能力,形成了愈伤组织,随着愈伤组织不断增大,相互交错抱合,填充在接穗和砧木之间的缝隙中,沟通疏导组织,使营养物质能够相互传导,最后形成一个新的植株。

---

①徐义流,张晓玲.猕猴桃优质高效栽培新技术[M].合肥:安徽科学技术出版社,2015.

（二）猕猴桃接穗采集与贮存

1.接穗采集方法

接穗采集分为休眠期接穗采集和生长期接穗采集。无论什么时间采集接穗，都要选择健壮的枝条，选择母树上生长充实、芽体饱满、无病虫危害的枝条，不用细枝、弱枝，徒长枝上的芽眼质量不高，应尽量不用。边采集，边按品种绑成小捆并加上标记。

（1）休眠期接穗采集。在1~2月份结合冬季修剪采集接穗，较早采集的接穗要注意妥善贮存，贮存接穗的关键是适当控制温度和湿度，贮藏温度要低于5℃，湿度基本饱和，不能使其受冻、失水、损伤、霉变或芽子萌动。要使接穗一直处于休眠状态，并保持接穗新鲜，内皮仍然鲜绿。

（2）生长期接穗采集。一般是在嫁接前随用随采，由于生长期的温度较高，枝条采下后要立即把它的叶子剪掉，只留下一小段叶柄，放入塑料袋中，备用。

2.接穗的贮存方法

（1）休眠期接穗的贮存。休眠期的接穗常用贮存办法有两种：①沟藏：选一处阴凉的地方挖沟，一般要在土壤冻结之前挖，沟宽约1m，深1m，长度可按接穗的数量而定，数量多时则挖长些。将冬季剪下的接穗捆成小捆，用标签注明品牌，埋在沟内，上面用湿沙或疏松、潮湿的土埋起来。要注意，不能在埋完接穗后灌水，以免湿度过大，不通气而霉烂。在埋沙或土时，尽量使沙土与接穗充分接触，每放一排接穗要覆盖一层沙土。②窖贮法：用报纸包严直接放入较深的、有一定湿度的地窖里，或将接穗堆放在地窖里，用塑料膜将上面盖住即可。也可在地窖中挖沟，将接穗大部分或全部埋起来。为了通气，最好用湿沙将接穗大部分埋起来，上部露出土面。如果窖内湿度小，则需把接穗全部埋起来。冬季贮藏接穗，常出现的问题是后期高温，所以必须一直保持低温，到春季时使接穗仍处于休眠状态。贮藏温度高，所贮藏的接穗即从休眠状态进入活动状态，呼吸作用增强，就会消耗养分，引起发芽，严重的皮色变黄、变褐，甚至霉烂。从冬季剪下到春季嫁接时间很长，要注意经常检查，保持合适的贮存湿度和温度。远距离邮寄接穗以冬季天气很冷时为好。

（2）生长期接穗贮存。生长期如果接穗当天用不完，贮存时可将其放在阴凉的地窖中，或把它放在篮子里，吊在井中的水面上。生长期的接穗不能放入低温冰箱中，因为大气温度都在20℃以上，一旦接穗的温度下降到5℃以下时，就可能发生冷害。如果要利用空调房间存放，必须将温度调到10~15℃，贮存生长期接穗最为适宜。远距离引种，则要求把接穗放入低温保温瓶中，可以保存约1周的时间。

（三）猕猴桃嫁接时期与方法

1.嫁接时间

（1）早春嫁接。猕猴桃的枝条髓部大，伤口容易失水干枯，而且有伤流，一般在落叶后到第二年萌芽前（即伤流发生前）或叶子长出后嫁接。在伤流期嫁接，由于伤流大，影响嫁接成活率，具体时间是春季在伤流前即萌发前20天嫁接。早春嫁接砧木和接穗组织充实，贮藏的营养较多，温、湿度有利于形成层旺盛分裂，伤口容易愈合，成活率高，成活后生长期长，优质苗出圃率高。

（2）夏季嫁接。夏季应在接穗木质化后进行，以5月下旬到6月底前为好，此时段是猕猴桃生长的最适宜温度，伤口愈合快，一般来说，在嫁接后7~10天即可萌芽抽梢。7月份气温高、干燥时最好不要嫁接。

（3）秋季嫁接。秋季嫁接以8月中旬至9月中旬为好，初秋嫁接，形成层细胞仍很活跃，当年嫁接愈合，次年春萌发早，生长健旺，枝条充实，芽饱满。过迟接芽虽能愈合，到了冬季却容易冻死，所以最适合的嫁接时期是早春、初夏和初秋。

2.嫁接方法

猕猴桃苗的嫁接分为芽接和枝接，枝接的方法较多，有皮下接、舌接、劈接等，具体采用哪种方法主要根据嫁接者的习惯而定，下面介绍几种常见的嫁接法：

（1）劈接法。砧木接口粗度在1cm左右可采用劈接法。首先用嫁接刀将接穗的下端削成斜面长2~3cm的楔形削面，楔形一侧的厚度较另一侧略大，接穗上剪留1~2个饱满芽，削面要一刀削成，平整光滑。用刀在砧木接口正中间切开，深度4~5cm，将削好的接穗从接口中间插入，两边形成层对齐。如粗度不符,尽量保证一边形成层对齐。

(2)皮下接。砧木粗度在2cm以上可采用皮下插接法。此法多在接穗粗度小于砧木时采用。先将砧木在离地面5~10cm的端正光滑处平剪断,在端正平滑一侧的皮层纵向切3cm长的切口,将接穗的下端削成长3cm的斜面,并将顶端的背面两侧轻削成小斜面,接穗上留2个饱满芽,将接穗插入砧木的切口中,接穗的斜面朝里,斜面切口顶端与砧木截面持平,接穗切口上端"露白",将接口部位用塑料薄膜条包扎严密,接穗顶端用蜡封或用薄膜条包严。

(3)舌接法。接穗与砧木粗度相近的可采用舌接法,先将砧木斜削成一舌形,斜面长3cm左右,在斜面上方1/3处顺枝条往下切约1cm深的切口,然后选接穗留1~2个芽,在接穗枝的下端削同样大小一个斜面和切口,使接穗和砧木的两斜面相对,各自分别插入对方的切口,使形成层对齐,嫁接后用塑料薄膜条包好、扎紧。

(4)带木质芽接。先在接穗上选取一个芽,在接芽的下方1~2cm处呈45°角斜削至接穗周径的2/5处,然后从芽上方1cm左右处下刀,斜往下纵削,与第一切口底部相交,取下的接芽全长3~4cm。在砧木离地面5~10cm处选择端正光滑面,按削芽片的方法削一大小相同或略大的切面,将芽片嵌入,使二者的形成层对齐或至少使一侧的形成层对齐,用塑料薄膜条包扎严密,春季嫁接露出芽眼,夏、秋嫁接露出芽眼和叶柄。

(5)单芽枝腹接。这种方法春、夏、秋季都能用。在砧木离地面5~10cm处选一端正、光滑面,向下斜削一刀,长2~3cm,深达砧木直径的1/3。在接穗上选取一个芽,从芽的背面或侧面选择一平直面,从芽上1.5cm处顺枝条向下削4~5cm长,深度以露出木质部为宜。接穗在接芽下1.5cm处呈50°角左右切成短斜面,与上一个削面成对应面,接穗顶端在芽眼上1.5cm处平剪,整个接穗长3.5~4cm。将削好的接芽插入砧木削出的斜面内,注意一边的形成层要对好,用塑料条从下到上包扎紧。

3.嫁接时注意事项

(1)砧木与接穗结合部位的形成层要对齐。

(2)接触面大,结合紧密,成活的可能性就大,因此削砧木和接穗时切面要适当长一些,增加形成层接触的面积。

(3)削面平滑才能结合紧密,使用的刀子一定要锋利,切削砧木和接穗时切面要尽可能一刀成形,形成一个平整的光滑面。

(4)结合部位包扎一定要严密,绑缚时应不松不紧,过紧则影响营养和水分的输送,且易使组织受伤;过松则砧木和接穗结合不紧密,削面容易失水、变干。

(5)嫁接前后要保证苗圃地水分供应充足,植株保持较高的新陈代谢能力,促进接口愈合,提高成活率。

(6)在田间嫁接时,要将接穗放在阴凉处或用湿布包住,不能在太阳下面暴晒。接穗若当天接不完,必须立插在水桶底部1~2寸深的水中间,以便继续使用。

(7)嫁接时接穗要用蜡、油漆或塑料薄膜封顶。

(四)猕猴桃嫁接苗管理

猕猴桃嫁接后的管理对嫁接成活率、萌发和生长发育状况都有直接的影响,应注意以下几个方面:

1.检查成活与补接

嫁接后2~3周检查成活情况,凡是芽体和芽片呈现新鲜状态,带有叶柄的芽柄一触即落时,表明已经成活。未成活的芽片由于失水变干,不能产生离层,而叶柄不易脱落,对于未成活的植株要及时进行补接。

2.剪砧

主要指采用芽接的苗子,春季通常是在嫁接成活后立即剪砧,促使接芽发芽生长。剪砧如果过迟,接口下萌发的徒长枝条会争夺营养,抑制接芽的萌发和生长。夏季接芽成活后可先折砧,即只将砧木枝条在接芽上6~7cm处折劈,但不折断,仍保留韧皮部的1/2左右,使根系能够继续从地上部得到营养,待接芽长出3~5个叶片后再剪砧。秋季嫁接的接芽成活后当时不剪砧,冬末春初时再剪砧,否则当年萌发抽生的新梢由于生长期短、组织不充实,冬季容易受冻致死。由于猕猴桃枝条组织疏松,髓部大而空,剪口下总是要干枯一段,剪砧时在接芽上部保留2cm长的枝段,以免影响接芽的萌发和生长。

3.除萌

嫁接后砧苗接口下会发出大量不定芽,消耗体内营养,影响嫁接成活率,妨碍嫁接苗的生长,必须及时剪除。有些接芽生长一段时间后,由于风折等其他因素破坏而不能再萌发的,应在砧木上选留1个枝条,以备后期补接。

4.插杆引蔓

猕猴桃嫁接成活后新梢生长很快,与基枝结合处不牢固,加之叶片很大,极易被风从基部吹劈裂,致使前功尽弃。因此当嫁接苗长到20cm左右时,在嫁接苗的旁边插一竹棍作支柱,用塑料绳等将新梢固定在支柱上。由于新梢幼嫩特别容易受伤,绑缚时应先将绳子固定在竹棍上,再给绑绳做一个较松的套,固定住新梢,不要直接用绳子紧绑新梢,注意不要让新梢缠绕向上生长。

5.解绑

嫁接成活后,为了不妨碍苗木的加粗生长,大约在嫁接后两个月左右应解绑。由于猕猴桃嫁接的芽体较大,全面愈合良好需要的时间较长,过早解绑会使已成活的芽体因风吹日晒而翘裂枯死,在不妨碍苗木生长的前提下解绑宜晚不宜早。同时要注意防止愈伤组织将塑料条包裹影响营养运输。一般当接芽长到50cm以上,说明嫁接部位已完全愈合,此时解绑最好。

6.摘心

嫁接苗的第一次生长高峰后,枝条先端弯曲出现缠绕性,互相纠缠在一起,给田间管理和将来起苗造成困难,当新梢长到50～60cm时摘心,剪掉新梢顶端的3～5cm,促进组织充实和枝干加粗生长。

7.施肥灌水

猕猴桃嫁接苗生长期特别怕旱,要注意适时适量灌溉。结合灌水可每月施入1次腐熟的人粪尿、猪栏稀粪等,或在水中加入尿素施入,每亩施5～7kg。7月施肥时应加入过磷酸钙和钾肥,使幼苗老化,芽眼饱满,提高苗木枝梢组织的充实度。8月份以后应停止施肥,否则易发嫩梢,冬季苗木会被冻死。

8.中耕除草

苗子的生长季节也是各种杂草的旺盛生长期,杂草与苗子会争夺水分和养分及生长空间,因此要适时进行中耕除草,保持苗圃内土壤疏松和无杂草。

9.病虫害防治

猕猴桃苗期的害虫主要有蛴螬、蝼蛄、金龟子、叶蝉等,发现后要及时用功夫、敌杀死等杀虫剂进行喷杀。

病害有根腐病、茎腐病、立枯病等,后期连阴雨较多时叶片上有时也会出现灰斑病等,要根据病情采用杀菌剂进行灌根或叶面喷洒来进行防治。

三、猕猴桃其他繁殖方法

(一)扦插繁殖

扦插育苗是直接利用猕猴桃的枝条或根等营养器官来繁殖苗木的方法,其特点是苗木整齐一致,成苗快,能较好地保持母本性状,适于大量繁殖。若能创造适宜的条件,可以一年四季进行。猕猴桃生产上常用的主要是硬枝扦插和嫩枝扦插两种方法,其他的还有绿枝蔓扦插、根插等方法。

1.硬枝扦插

用木质化的枝条进行扦插来繁育苗木称为硬枝扦插,一般在落叶后至次年3月份伤流以前进行。插条可以结合冬季修剪进行采集,要求生长充实、节间较短、腋芽饱满的1年生枝条,粗度以 0.4~0.8cm 为宜。若采集后不能立即扦插,则要将枝条沙藏(方法同嫁接用接穗的沙藏)。

扦插前要先建好苗床,苗床基质以蛭石加沙,再加20%左右腐熟的有机肥,要求有通气、透水和一定的保水能力。苗床喷洒 1%~2% 的福尔马林溶液,覆盖塑料膜熏蒸1周进行消毒,再通风1周后进行扦插。

扦插时,插条带 2~3 个芽,长 10~14cm,在下端切口靠近节位斜剪,上端切口在芽的上方约 1.5cm 处平剪,剪口要求平滑,用蜡密封。扦插前将插条下部浸在 0.5% 吲哚丁酸或 0.2% 萘乙酸溶液中数秒钟,可显著提高生根率。插条经以上处理后可按 10cm×15cm 的株行距扦插在苗床上,并将插条周围的基质按实,然后浇透水。最后盖上锯木或草帘,或搭拱棚遮阳。

扦插苗床要进行精细的管理,以提高成苗率。其管理同实生育苗,包括适时浇水以保持温度、湿度;通过地膜覆盖提高苗床温度以促进生根和成苗;当新梢长到5cm之后留下3～4片叶及时采取摘心等措施。

2.嫩枝扦插

在生长季节,用当年生未木质化的幼嫩枝条进行扦插来繁育苗木称为嫩枝扦插。一般从5月中、下旬新梢第一次生长高峰后到9月上旬进行,大多在6月中旬至7月中旬。扦插苗床做好后,选用生长充实、无病虫害的插条,长度2～3节,距上端芽1～2cm处平剪,下端紧靠芽的下部剪成斜面或平面,上端留1～2个剪掉一半的叶片,既可减少蒸发又可进行光合作用以利生根。扦插前可用低浓度的吲哚丁酸或萘乙酸0.02%～0.05%液浸泡基部3个小时,促进生根和成活。

扦插后及时浇水,以后定时喷水以保持足够的湿度。一般覆盖薄膜的苗床气温约25℃,气温高时要及时喷水降温,并将塑料膜揭开以通风降温。成活后应逐渐揭开覆盖的薄膜以锻炼幼苗。45～60天后可将薄膜揭除。当根系生长变慢时,即可进行移栽。

嫩枝扦插还可在全光喷雾条件下进行,选择自然光照充足和排水条件较好的地段作苗床,配置自动间歇喷雾系统,定时、定量对扦插苗床进行喷雾以调节湿度和温度,有利于插条的生根和成活。

3.根插

猕猴桃根系受伤后再生能力很强,能产生不定根和不定芽。枝蔓被土埋住就会生根,粗根裸露受伤后,能产生不定芽而萌发新的植株,所以根插繁殖猕猴桃苗木的成功率比枝蔓扦插高,且插时不用蘸生根粉或生长素。

根插可以采用直插、斜插或平插等方法,根插穗的粗度至少在0.2cm以上,外露0.1～0.2cm。一年四季均可进行,以冬末春初插最好,其他基本同枝蔓插。春季根插约一个月后生根发芽,新梢发出后选留一健壮者。

（二）压条繁殖

1.压条繁殖的方法

利用猕猴桃树根茎部每年春天易萌生徒长枝的特点,在4～5月对被更新树根茎部萌生的徒长枝,选一个方位好、生长旺盛的枝留下,让其直立旺长,高度不限,培养成为更新枝。其余基部萌生枝全部从基部除去。如果被更新老树出现缺株,可在近邻的两株老树基部各多留1个萌生枝,以作补缺用。秋季果实采摘后的11月中、下旬至12月上旬,对猕猴桃园1m宽的定植行进行除草、深耕,结合撒施腐熟的农家有机肥每亩2000kg和硫酸亚铁每亩50kg(土壤消毒)。落叶后的12月上、中旬,在被更新老树株间1/2处开成宽15～20cm、长40～60cm的压条沟,沟底斜平,深度0～25cm,最深的一头距被更新老枝最远,将培养的更新枝由树冠内轻轻地抽出来,在不脱离母株、不折伤的前提下,弯曲波浪状压入开好的沟内,埋土踏实。未入土的上部分枝条,使其直立引绑上架,高度不够的可以绑扶杆(条)。

如果要增加株数,缩小株距,每株被更新老树可在两边各留一个压条,分压在两边即可。压条结束后要及时灌水保墒。覆膜保温促使生根。

2.压条后的管理

压条后的肥水供给、除草松土、病虫防治等管理措施,与被更新树的管理同步进行,其管理具有以下几点特点:

(1)对压条萌发的枝叶加强保护、及时引绑,让其充分得到光照,迅速扩大树冠,积极培养骨架。

(2)对被更新老树按需逐渐压缩树冠,让出空间,三年后更新树已进入结果盛期,可以和老树分离时挖掉老树,压条更新任务即告完成。

(3)压条第二年春天,如要调整品种或推行良种,可在压条上部以劈接或单芽枝腹接的方法,高接换头更换品种,嫁接部位要低于架面。

（三）组织培养

组织培养又叫离体培养,指利用细胞的全能性,通过无菌操作分离植物体的一部分(外植体),接种到培养基上,在人工控制的条件下进行培养,获得再生的完整植株。

植物组织培养具有以下几个特点:一是培养条件可以人为控制,便于稳定地进行周年培养生产。二是生长周期短,繁殖率高,能及时提供一致的优质种苗。三是管理方便,有利于工厂化生产和自动化控制。与田间栽培等相比省去了中耕除草、浇水施肥、防治病虫害等一系列繁杂劳动,可以大大节省人力和物力。

1.初代培养

采取猕猴桃优良品种的嫩梢2~3cm,去掉叶片,带回室内。在超净工作台上先用无菌水冲洗3遍,再用加有1~2滴吐温80湿润剂的0.1%$HgCl_2$溶液消毒5~10分钟,再用无菌水冲洗3遍,用无菌吸水纸将水分吸干后,使用消过毒的剪刀和解剖刀等工具切取茎尖(外植体)0.5cm接种在初分化培养基上培养。温度25~28℃,光照1000勒克斯,光周期为光照10小时,黑暗14小时,在此条件下培养。

初代分化培养基主要以MS培养基(如表6-1所示)为基础,加上1.0mg/L苄基腺嘌呤(BA)和1.0mg/L萘乙酸(NAA)配制而成.连续转接2~3次,进行分化培养。

表5-1　MS培养基

	成分	浓度(mg/L)	成分	浓度(mg/L)
大量元素	硝酸钾 KNO_3	1900	硫酸镁 $MgSO_4 \cdot 7H_2O$	370
	硝酸铵 NH_4NO_3	1650	氯化钙 $CaCl_2 \cdot 2H_2O$	440
	磷酸二氢钾 KH_2PO_4	179		
微量元素	碘化钾 KI	0.83	硫酸锌 $ZnSO_4 \cdot 7H_2O$	8.6
	硼酸 H_3BO_3	6.2	钼酸钠 $Na_2MoO_4 \cdot 2H_2O$	0.25
	硫酸锰 $MnSO_4 \cdot 4H_2O$	22.3	硫酸铜 $CuSO_4 \cdot 5H_2O$	0.025
	氯化钴 $CoCl_2 \cdot 6H_2O$	0.025		
铁盐	乙二胺四乙酸二钠 $Na_2 \cdot EDTA$	37.3	硫酸亚铁 $FeSO_4 \cdot 7H_2O$	27.8
大量元素	肌醇	100	盐酸硫胺素 V_{B1}	0.1
	甘氨酸	2	盐酸吡哆醇 V_{B6}	0.5
	烟酸 V_{B5} 或 V_{PP}	0.5		
	蔗糖	30000	琼脂	7000

2.继代增殖繁殖

外植体的增殖是组培的关键阶段,为了增大繁殖系数,需要继代培养,提高增殖率。在分化培养基上生长30～60天,接入的外植体长至2cm时,在超净工作台上采用无菌操作的方法剪成1cm左右长的小段,再转接在增殖培养基上(培养基配方与前相同)。以后,30天左右进行1次继代培养。连续多次转接培养,增加继代繁殖数量。

3.诱导生根培养

当绿芽在增殖培养基上长至3～4cm时,转接到生根培养基上,进行生根培养。生根培养基的配方是1/2 MS培养基+吲哚丁酸(IBA)1.0mg/L。生根培养1个月左右,生出根系,当生根苗长到3～5cm时,即可进入炼苗阶段。

4.组培苗的炼苗

组培苗的炼苗阶段是猕猴桃组织培养成功的关键阶段,由于组培苗在人工控制的适宜条件下生长发育,对自然环境的适应能力很弱,炼苗是组培苗的一个适应外界条件的过程,是移栽前的过渡阶段。选择健壮的组培苗,打开培养瓶的封口膜,使生根苗在瓶内的自然光照条件下适应2～3天后进行移栽。

5.组培苗的移栽

将经过驯化锻炼的生根试管苗,移栽到装有腐烂松针、泥炭土和细河砂(2:1:1)的混合基质的营养钵中。移栽时,将苗子从瓶中用镊子轻轻夹出,做到尽量不伤根,在清水中洗净根上的培养基,以免移栽后产生杂菌,影响移栽成活率。

移栽后应精细管理,前10天为病害易发期,及时喷施1000倍50%多菌灵可湿性粉剂,要喷施均匀,苗子周围也应喷到。移栽后前3天,在5000～10000勒克斯光强、20～25℃和空气湿度大于80%的条件下,即较高的湿度和较低的温度中进行缓苗。温度过高、光照过强时要用遮阳网遮阳。10天后光强可控制在10000～25000勒克斯,每5天喷施1次杀菌药,1000倍的多菌灵和甲基托布津交替使用。20天后的管理同常规苗,主要是培育壮苗,1个月后苗高10cm时进行大田移栽。

四、猕猴桃苗木出圃

(一)苗木出圃前的准备

1.苗木品种检查

苗木出圃前应对苗圃进行一次普查,统计成活率、出圃量,并核对品种,在每块园地里插上品种标牌,以防止起苗时品种混杂。

2.进行严格检疫

要出圃的苗木还需经过检疫机构的检疫,以免危险性病虫向外传播。猕猴桃苗木要检疫的对象主要有根结线虫、介壳虫,疫霉病和细菌性溃疡病等,检疫合格后方能出圃。

3.进行苗木修剪

起苗前要将苗木的分枝进行适当修剪,剪去细弱枝,剪短过长枝,以免起苗时撞伤枝条。

4.准备好包装材料

将草帘、麻袋、蒲包、稻草和草绳等包装材料等准备齐全。

(二)苗木的分级

出圃的苗木要符合农业农村部颁布的猕猴桃苗木标准(如表5-2所示)。苗木起出后要按照苗木分级标准进行分级。起苗时要保证苗木根系完整,不能造成大量根系断裂。

表5-2　农业农村部制定的猕猴桃苗木标准

项目	级别		
	一级	二级	三级
品种砧木	纯正	纯正	纯正
侧根数量(条)	≥4	≥4	≥4
侧根基部粗度(厘米)	≥0.5	≥0.4	≥0.3
侧根长度(厘米)	≥20	≥20	≥20
项目侧根分布	均匀分布,舒展,不弯曲盘绕		
苗高度(出去半木质化以上的嫩梢)(厘米)	≥40	≥30	≥30
茎干粗度(嫁接口上5厘米处)(厘米)	≥0.8	≥0.7	≥0.6

（续 表）

项目	级别		
	一级	二级	三级
饱满芽数（个）	≥5	≥4	≥3
根皮与茎皮	无干缩皱皮	无新损伤处	老损伤面积≤1.0cm^2
嫁接口结合部愈合情况及木质化程度	良好	良好	良好

（三）苗木的包装与运输

包装前对已经分级苗木过长的根系进行适当修剪,然后每20株或50株一捆进行捆扎包装。每包苗木内外应各挂一个标签,上面写明品种或品系、砧木、等级、数量、产地等。

运输的苗木要用草帘、麻袋、蒲包、稻草和草绳等包裹牢靠,包内苗根与苗茎之间要填充保湿材料,包装前根部填充湿锯末,然后用草袋、麻袋或塑料薄膜包裹,以防运输途中失水干燥,影响成活率。

运输的每包苗木应有2个标签,注明苗木的品种、砧木、等级、数量、产地、生产单位、包装日期和联系人等内容。

苗木运输应及时、尽快,操作时尽量避免损伤。运输途中应用帆布覆盖,防冻、防失水、防日晒,到达目的地时茎干和根部应保持新鲜完好,无失水、发霉或受冻现象,到达目的地后应尽快定植或假植。

（四）苗木的假植

在背风处开挖深50cm、宽100～200cm的假植沟,沟底铺10cm湿沙,将苗木按照品种、砧木、等级类别分别假植,做好明显标志。在苗捆之间填入湿沙,湿沙的高度埋没茎段15～20cm,假植沟周围要防止雨、雪水流入。

第三节 猕猴桃园土、肥、水管理

一、猕猴桃土壤管理

猕猴桃生长主要依靠根系从土壤中吸收水分和矿质元素,通过叶片利用光能合成营养物质来开花结果。猕猴桃树体的生长生育和果实品质的好坏的决定于土壤的状况和肥料矿质养分的供给。

首先,猕猴桃栽培园的土层要深厚,才能满足根系的扩展,形成强大的吸收网络,吸收土壤深层的水分、矿质营养。同时深厚的土层温度变化小,使猕猴桃免遭冬季低温或夏季高温对根系的危害。其次,土壤的通气性要良好,氧气含量适当,水分供应充足,根系才能正常呼吸、良好生长。最后,有机质含量要高,理想的土壤有机质含量应在5%~7%。

加强科学的土壤管理,培肥地力,是猕猴桃生产的基础,这样才能生产出丰产、优质的猕猴桃果品。传统清耕的耕作方式,可以减少土壤的养分消耗,改善通气透水性,有利于根系的呼吸。不足之处是土壤及水分流失大,不利于水土保持和肥力保持,因此现代农业提倡生草、覆盖、间作等新的耕作方式。

(一)改良土壤

栽培猕猴桃的土壤太黏重,会因为通透性差而造成根部腐烂;若土壤全为沙土,则会由于养分的流失造成营养缺乏使树体生长不良。改良土壤的目的就是增加土壤的通透性和增强保水、保肥能力。改良的方法一种是沙土园应结合深翻施肥给土中掺入黏土或壤土,黏土园则应掺入沙子;另一种是增施有机肥,田间主要结合土壤深翻进行。

(二)土壤的深翻熟化

深翻后的土壤容重下降、孔隙度增加、通气性和保水能力增强,有利于根系的活动和好气性微生物的繁殖,使难溶性营养转化为可溶性营养,提高肥力,增强猕猴桃抗御不良自然灾害的能力。还可以促使水平分布为主的猕猴桃根系向纵深方向和水平方向扩展。

　　土壤深翻一般在果实采收后结合秋施基肥进行,深翻的深度以50～60cm为宜。可采用三种方法深翻:①深翻扩穴:在幼树栽植后,从定植穴向外深翻扩穴。②隔行深翻:分2年完成,只伤一侧的根系,对猕猴桃生长影响小。③全园深翻:对定植穴以外进行全面深翻。也可以采用第一年从定植穴外缘向外挖环状沟,宽、深度各50～60cm,尽量不要损伤根系,将优质有机肥与表土混合后施入沟内,再回填底层的生土,第二年接续上年深翻的外缘继续深翻,这样逐年向外扩展直至全园深翻一遍。如果土壤耕层下部有机械耕作碾轧的坚硬层,深翻时要注意打破硬土层。深翻时上下换土,熟化土壤。

　　由于猕猴桃是浅根性作物,深翻时要避免损伤较粗的根。定植后前几年逐步全面深翻一遍后不再深翻。

(三)猕猴桃园生草技术

　　以清耕为主的传统果园地面管理,能有效控制杂草危害,但由于果园行间地面裸露,会造成土壤侵蚀、水土流失,土壤有机质及各种养分含量降低,还不利于形成优良的果园小气候。因此,生产栽培中常采用果园生草的方法,来克服这些不足。

　　1.猕猴桃果园生草的优点

　　(1)增加土壤有机质含量。长期以来,果园内化肥的大量连年使用,造成土壤板结、酸碱失衡、肥力下降,这是猕猴桃果实品质变差、树势衰弱、产量下降、病虫害泛滥的主要原因。实施果园生草后,绿肥作物含有大量丰富的有机质,翻压后能改善土壤理化性状,提高土壤肥力。在有机质含量为0.5%～0.7%的果园,连续5年种植毛苕子或白三叶草,土壤有机质含量可以提高到1.6%～2.0%及以上。

　　(2)保持果园土壤墒情,减少灌溉次数。果园生草可减少猕猴桃行间土壤水分的蒸发,调节降雨时地表水的供应平衡,生长旺盛时刈割覆盖树盘,保墒效果更佳。在覆盖的条件下,土壤水分损失仅为清耕的1/3;覆盖5年后,土壤水分平均比清耕多70%。生草果园比清耕果园每年至少减少灌溉次数3～4次。

（3）延长根系活动时间。猕猴桃果园生草在春天能够提高地温，促使根系较清耕园提早进入生长期15～20天；在炎热的夏季降低地表温度，保证猕猴桃根系旺盛生长；进入晚秋后，增加地温，延长根系活动1个月左右，对增加树体贮存养分、充实花芽有良好的作用。冬季将草覆盖在地表，可以减少冻土层的厚度，提高地温，预防和减轻根系的冻害。猕猴桃根系一般分布较浅，清耕果园土壤耕作较为频繁，对猕猴桃根系破坏较大；而生草果园一般采用免耕法，对猕猴桃根系生长较为有利。

（4）改善果园小气候。由于果园生草后对土壤理化性状的改善，土壤中的水、肥、气、热表现协调，可提高果园空气湿度，夏季高温时节生草果园比较凉爽，对猕猴桃生长发育十分有益，并有利于减轻猕猴桃日灼病的发生。

（5）疏松果园土壤，提高土壤供肥能力。果园生草覆盖和果园清耕比较，生草果园具有土壤物理性状好、土壤疏松、通气良好、透水性好的优势，能保持土壤结构稳定，防止水土流失，有利于蚯蚓繁殖，促进土壤水稳性团粒结构的形成。生草果园猕猴桃缺磷、钙的症状减少，果园很少或根本看不到缺铁的黄叶病、缺锌的小叶病、缺硼的缩果病。这是因为果园生草后，果园土壤中果树必需的一些营养元素的有效性得到提高，如磷、铁、钙、锌、硼等，与这些元素有关的缺素症得到控制和克服。

（6）有利于果树病虫害的综合治理。猕猴桃果园生草促进了植被多样化，为天敌提供了丰富食物、良好的栖息场所，天敌量大、种群稳定，从而减少了农药的投入及农药对环境和果实的污染，这正是当前推广绿色有机果品生产所要求的条件。试验观察显示，在猕猴桃黄化病、褐斑病、溃疡病发生较为严重的地区，生草猕猴桃果园发病较轻。

（7）促进果树生长发育，提高果实品质和产量。在猕猴桃果园生草栽培中，树体营养得到改善，生草后花芽质量比清耕对照明显提高，单果重和商品果率增加，可溶性固形物和Vc含量明显提高，贮藏性货架期延长，贮藏过程中病害减轻。

生草的缺点是草类会与果树争水争肥，如果全园生草则会削弱树势，使产量下降；在表层土壤中固相比较高、气相较低、容重增加。但总体来讲利大于弊,符合当代所倡导的生态农业和可持续发展战略,是一种优良的果园土壤管理模式,在实行生草制时需要扬长避短,采用行间生草、行内清耕或覆草。

2.果园生草种类的选择

果园生草应该选择高度较低矮,但产草量较大、覆盖率高的草;具有一定的固氮能力;草的根系应以须根为主,没有粗大的主根,或有主根而在土壤中分布不深;没有与果树共同的病虫害,能栖宿果树害虫天敌;地面覆盖的时间长而旺盛生长的时间短;耐阴耐践踏,繁殖简单,管理省工,便于机械作业。

目前果园中所采用的生草种类有毛苕子、白三叶草、匍匐箭舌、豌豆、野牛草、羊草、结缕草、猫尾草、草木樨、紫花苜蓿、百脉根、黑麦草等。可根据果园土壤条件和果树树龄大小选择适合的生草种类。果园人工生草,可以是单一的草种类,也可以是两种或多种草混种。通常猕猴桃果园人工生草多选择豆科的白三叶草与毛苕子等。

3.果园生草技术

猕猴桃栽植后的前两年,行间可种植豆类等低秆作物,从第3年起行间可种植三叶草等。实行生草制时给植株留出2m宽的营养带,保持覆草或清耕。施肥时在营养带内撒施农家肥、化肥,生草带上撒施化肥。

果园主要采用直播生草法,即在果园行间直播草种子。这种方法简单易行,但用种量大;而且在草的幼苗期要人工除去杂草,用工量较大。土地平坦、土壤墒情好的果园,适宜用直播法,分为秋播和春播,春播在3月下旬至5月上旬播种,秋播在9月份播种,直播法的技术要求为:进行较细致的整地,然后灌水,墒情适宜时播种。可采用沟播或撒播,沟播先开沟,播种覆土;撒播先播种,然后均匀在种子上面撒一层干土,出苗后及时去除杂草。也可播种前先灌溉,等杂草出土后施用除草剂,过一段时间再播种。也可采用苗床集中先育苗后移栽的方法。采用穴栽方法,每穴3～5株,穴距15～40cm,豆科草穴距可大些,禾本科穴距可小些,栽后及时灌水。

果园生草通常采用行间生草,果树行间的生草带的宽度应以果树株行距和树龄而定，幼龄果园行距大，生草带可宽些，成龄果园行距小，生草带可窄些。全园生草应选择耐阴性能好的草种类，以毛苕子、白三叶效果最好。

（1）果园种植白三叶草。白三叶草为豆科多年生植物，耐热、耐寒，根系分布在20cm深的土层内，匍匐生长，能节节生根并长出新的匍匐茎；但苗期生长迟缓，幼苗抗旱性差，一旦度过苗期，具有很强的竞争力；耐阴性好，能在30%透光率的环境下生长，适宜在果园种植。其根瘤具有生物固氮作用。白三叶茎叶低矮、覆盖性好，对杂草控制力强，越冬时交织的茎叶形成一层厚被，不仅保护土壤免受风蚀、水蚀，还可拦截雨雪、蓄水保墒。上年的茎叶在湿润的条件下逐渐腐解，释放出大量养分，形成腐殖质，改善了土壤结构，活跃了各类土壤微生物。

播种的最佳时间为春秋两季，春播时出苗好，杂草竞争少，光照充足，至7、8月份时三叶草即可覆盖地面。若延迟至5～7月播种，虽然出苗较快，但因温度较高，小苗极易受干旱死亡，且与杂草出苗期相同，管理费工费时。秋播宜在8月中旬至9月中旬，出苗快，次年春季三叶草即可覆盖地面。若秋播延迟至9月份以后，由于气温降低，出苗不齐，且冬季会有部分幼苗被冻死。

播种适宜采用条播，行距30cm左右，播种量每亩0.5～0.75kg，覆土厚度1cm，春季可适当覆草保湿，提高出苗率。

苗期管理主要包括：①如遇干旱要适当灌水补墒，最好用喷灌或用洒水壶洒水，不宜用大水漫灌。②幼苗期三叶草的竞争力很弱，很容易受杂草的妨害而死亡，所以幼苗期一定要及时清除杂草，确保三叶草苗齐、苗壮。③为加速幼苗生长，应追施少量氮肥，可趁下雨时撒施尿素4～5千克/亩。

行间种植三叶草后，为了减弱三叶草对猕猴桃营养、水分的竞争，前2～3年园中的施肥量要比清耕园增加20%左右。播种后当年因苗情弱小，一般不刈割，从第2年开始，当三叶草长到30～35cm时，刈割后覆盖在树盘内，留茬不低于10cm，一年刈割3～4次。由于白三叶草会逐年向外扩展，使原先保留的营养带越来越窄，每年秋季施基肥时对扩展白三叶草进行控制,将行间生草范围保持在1.5m。5~6年后草逐渐老化,将整个草坪翻耕后清耕休闲1~2年重新种植。

(2)行间种植毛苕子。猕猴桃园也可在行间种植毛苕子。毛苕子是豆科野豌豆属一年生或越年生草本植物,播种后子叶不出土,茎叶由胚芽发育而成。根瘤扇形、姜形或鸡冠状,单株根瘤数50~100个。毛苕子出苗后10~15天根部形成根瘤,开始固氮。根瘤生长量大、固氮作用强的时期为孕蕾期,单株有效根瘤数平均为70个,单株每分钟固氮376~544μg。一般亩产鲜草1000~2500kg。毛苕子根系和根瘤能给土壤遗留大量的有机质和氮素肥料,改土肥田、培肥地力,增产效果明显。

根据试验测定,毛苕子压青后可使土壤有机质增加0.15%~0.40%,全氮增加0.012%~0.032%,全磷增加0.01%~0.03%;不仅当年增产效果明显,而且对后作还有持续增产的作用,种子田播种量为单播每亩2~2.5kg。

秋季结合施农家肥时种植毛苕子,第2年夏收后毛苕子自然死亡,种子落在地面,秋季温度降低后会发芽生长。若要在其他地方种植,毛苕子死亡后将蔓和种子收集起来,在场院上脱种。由于毛苕子根细、分布深、产草量大,疏松、熟化土壤的效果明显,各地可以试用。

4.猕猴桃果园生草应注意的问题

(1)施肥方面。连续生草的果园随土壤肥力的提高可逐渐减少施肥,施肥可采取水肥一体化施肥技术,用施肥枪施入。也可在非生草带内施用,采用铁锹翻起带草的土,施入肥料后,再将带草土放回原处压实。

(2)病虫害防治。一般生草果园可使用物理防治(灯、板、带等诱杀)、生物防治(捕食螨、草蛉、赤眼蜂等)技术,果园喷药时应尽量避开草,选用植物源或矿物源农药,或高效低毒、低残留农药,以便保护草中的天敌。

(3)注意清园。刮树皮、剪病枝叶、拣病果,都应及时收拾干净,不要遗留在草中。

(四)猕猴桃园覆盖

1.覆草覆盖

果园覆草能将地表的水、肥、气、热的不稳定状态变成相对稳定的状态,对地表局部环境有较大的改善作用。可以减少水土流失,减少地面水分蒸发,保持土壤湿度的相对稳定;提高冬季地温,降低夏季地温;有利于土壤微生物活动。覆盖的草腐烂、分解后能提高土壤有机质含量,增加土壤养分,有利于土壤熟化、团粒结构的形成和疏松度的提高,保护根系分布层,抑制杂草生长。

在4～5月份,幼园和成龄园先在树盘撒施少量氮肥,再覆盖玉米秆、麦草、麦糠等,厚度10～15cm,上面散压少量土,连覆3～4年后结合深翻翻入土中。切忌覆盖树干基部。

2.覆膜覆盖

地膜覆盖能有效地改善土壤的水、肥、气、热状况,可以减少土壤水分的蒸发,起到蓄水保墒的作用,减少浇水次数,使土壤能够较长时间地保持疏松状态,改善土壤的耕性,减少土壤侵蚀和土壤养分的流失,防止土壤板结,促进养分分解和土壤有机质矿化,抑制杂草生长。

从秋季开始,在土壤上冻前覆膜,到第二年4～5月份揭膜。

(五)猕猴桃园行间间作

在定植1～3年进行行间间作(套种),可以覆盖土壤,降低夏季田间温度,增加前期收入,经济利用土地。但第四年树冠基本覆盖全园后,不宜再间作。

间作时注意与果树行保持一定的距离,给树体生长留出适宜的土地、阳光、空气的营养带,幼树1m左右宽,2～3年生树则以树冠垂直投影的外缘以外20～30cm为界。间作作物应该比较矮小,不影响猕猴桃幼苗的光合作用;生长期短,吸收养分少;根系浅,不影响猕猴桃根系生长;病虫害危害少,不能是中间寄主;能够制造较高的营养,提高果园土壤肥力。一般具有固氮作用的矮秆浅根性豆科植物最好。

间作应该豆科、瓜菜类和绿肥轮作倒茬种植,要加强对间作作物的管理,在猕猴桃需要肥、水高峰期,及时追肥、浇水,减少与猕猴桃对肥、水的竞争。[①]

二、猕猴桃科学施肥

(一)施肥的原理与原则

1.施肥的基本原理

(1)各营养元素的不可替代性。猕猴桃对各种营养元素的需要量不同,都是必需的,各营养元素不能互相替代。

(2)营养物质的消耗必须及时补充。猕猴桃不断从固定区域土壤中摄取所需矿质养分,如果这些养分不能得到及时补充,土壤会变得十分瘠薄。为了保持土壤肥力,必须把猕猴桃从土壤中所摄走的营养物质以施肥的方式归还给土壤。猕猴桃从土壤中吸收的营养物质在不同时期的消耗不同,幼树期的营养消耗主要用于形成骨架,初结果期的树主要用于扩大树冠和结果,成龄树主要用于枝蔓更新和结果。

(3)相对含量最小的有效养分的不可或缺性。决定猕猴桃产量、质量的是土壤中最缺乏的、相对含量最小的某种有效养分,如果这种最小养分得不到有效补充,其他种类的营养即使施用量增加很多,也不能提高产量、质量,只能造成肥料的浪费。

(4)生长受多种因素的限制性。猕猴桃在生长过程中受多种因素的影响,包括养分、水分、温度、光照、CO_2浓度及其他农业技术因素等。如果其中某一因素供应不足、过量或与其他因素的关系失调,就可能成为限制因子。

(5)施肥量有一定的量的限制。随着施肥量的增加,产量增加,但施肥量越多,每一单位数量肥料所增加的产量越少,实际收益下降。而且在超载后会出现品质降低、减产现象,缩短树体经济寿命。

2.施肥的原则

施肥以有机肥为主,化学肥料为辅;所施的肥料不应对果园环境或果

[①]王国立,吴素芳,黄亚欣,等.猕猴桃土肥水管理技术要点[J].农技服务,2014,(11):97.

实品质产生不良影响;以土壤施入为主,叶面喷施为辅,提倡以营养诊断结果为指导进行平衡施肥,充分发挥肥效。

(二)施肥种类

1.无公害食品猕猴桃生产的施肥要求

无公害食品猕猴桃的生产要求施肥以农家有机肥为主,化学肥料为辅,化学肥料与农家肥配合使用,增加或保持土壤肥力及土壤微生物活性,所施的肥料不应对果园环境或果实品质产生不良影响。

允许使用的农家肥料包括堆肥、沤肥、厩肥、沼气肥、绿肥、作物秸秆肥、泥肥、饼肥等;允许使用的商品肥料指在农业行政主管部门登记或免予登记允许使用的各种肥料,包括商品有机肥料、微生物肥、化肥、叶面肥、有机无机复合肥等;限制使用含氯化肥或含氯复合肥。

使用的农家肥必须经过腐熟方可使用,城市的生活垃圾一定要经过无害化处理后方可限量使用。黏性土壤施用量不超过3000kg/亩,砂性土壤施用量不超过2000kg/亩,不得使用医院的粪便、垃圾和含有害物质(如毒气、病原微生物、重金素等)的垃圾。

2.绿色食品猕猴桃生产的施肥要求

绿色食品猕猴桃生产所需肥料使用必须满足作物对营养元素的需求,使足够数量的有机物质返回土壤,以保持或增加土壤肥力及土壤活性。所有有机或无机肥料,尤其是富含氮的肥料应对环境和作物(营养、味道、品质和植物抗性)不产生不良后果,只有这样方可使用。

允许使用的农家肥料包括堆肥、沤肥、厩肥、沼气肥、绿肥、作物秸秆肥、泥肥、饼肥等;在农家肥料不能满足需要时允许使用商品肥料,包括商品有机肥料、腐殖酸类肥料、微生物肥料、有机复合肥、无机肥料、叶面肥料(包括微量元素叶面肥和含植物生长辅助物质的叶面肥等,不得含有化学合成的生长调节剂)、有机无机肥(有机肥料与无机肥料机械混合或化学反应而成),还可使用掺合肥(在有机肥、微生物肥、无机肥、腐殖酸氨肥中按一定比例掺入除硝态氮肥外的化肥,但有机氮与无机氮之比不超过1:1)。上述肥料种类不能满足生产需要,可使用化学肥料(氮、磷、钾),但禁止使用硝态氮肥。可与复合微生物肥配合使用,最后一次追肥必须在采收前30天进行。

农家肥料无论采用何种原料制作堆肥,必须高温发酵,以杀死各种寄生虫卵和病原菌、杂草种子,达到无害化卫生标准。

3.有机食品猕猴桃生产的施肥要求

有机物质应主要来自有机农场体系,通过有机生产单元内部有机质的循环来维持土壤的肥力,同时应防止病原微生物的带入。有机肥料指含有机物质(动植物残体、排泄物、生物废物等)的材料,经高温发酵或微生物分解而制造的一类肥料,包括堆肥、沤肥、厩肥、沼气肥、绿肥、作物秸秆肥、泥肥、饼肥等。

有机肥料的成分含量要申报并严格控制在认证机构认可范围内,禁止在其中加入任何化学合成的肥料或化学复混肥,不稳定元素如放射性元素、稀土等,各类激素、抗生素、杀虫剂、杀菌剂,不明或致病微生物,重金属及其他有毒、有害物质以及性质不明物质。

(三)合理施肥量

合理的施肥量主要根据果树对各营养元素的吸收量、土壤中的各元素天然供给量和肥料的利用率来推算,其计算公式为:果树合理施肥量=(肥料吸收量-土壤天然供肥量)/肥料利用率(%)。土壤的天然供肥量一般以间接实验方法,用不施养分取得的农作物产量所吸收的养分量作为土壤供肥量,一般氮素的天然供给量约为吸收量的30%,磷素为50%,钾素为50%。

肥料利用率受土壤条件、气候条件及施肥技术等的影响。化学肥料的利用率一般较高,氮的利用率为40%～60%,磷为10%～25%,钾为50%～60%。厩肥中氮的利用率决定于肥料的腐熟程度,一般在10%～30%,堆肥、沤肥为10%～20%,豆科绿肥为20%～30%。有机肥料中磷的有效性较高,利用率可达20%～30%,钾肥一般为50%左右。

实际生产中还应根据品种、树龄、树势、目标产量与土壤肥力来确定施肥量,N、P、K的配比为1:0.7～0.8:0.8～0.9。无机氮和有机氮的比例不能低于1:1。可以根据推算出的猕猴桃施肥量及根据我国土壤、气候状况修订后的建议施肥量(如表5-3所示)来施肥。

表5-3　不同树龄的猕猴桃园参考施肥量

树龄	年产量（千克/亩）	年施用肥料总量（千克）			
		优质农家肥	化肥		
			纯氮	纯磷	纯钾
1年生		1500	4	4.8～3.2	3.2～3.6
2～3年生		2000	8	5.6～6.4	6.4～7.2
4～5年生	1000	3000	12	8.4～9.6	9.6～10.8
6～7年生	1500	4000	16	11.2～12.8	12.8～14.4
成龄园	2000	5000	20	14～16	16～18
根据需要加入适量铁、钙、镁等其他微量元素肥料					

三、猕猴桃灌溉与排水

（一）猕猴桃灌水

1.猕猴桃需水特性

猕猴桃叶片的蒸腾能力很强,远远超过其他温带果树。桃、柿等一般树种的叶片有调节气孔开张度以降低水分向外蒸散的能力,在日落后水分蒸腾量大大降低;而猕猴桃即使在夜间蒸腾量也很大,约占全日蒸腾量的19%,有时达到20%～25%。我国猕猴桃栽培区的气温高、空气湿度低,耗水量更大,猕猴桃在夏季晴朗的白天的蒸腾耗水量约相当于6.36mm降雨量。猕猴桃的水分利用率也远远低于其他温带果树,苹果制造每克干物质约需消耗水分263.9g,而猕猴桃则需要437.8g。其中只有1%左右变成猕猴桃枝叶或果实的组成成分,1‰作为植株体内化学反应物,其余的水分主要通过叶子的蒸腾散失到空气中。

是否有可靠的水源供应是猕猴桃能否生存的条件。在野生条件下,猕猴桃多生长在山间溪谷两旁比较潮湿、容易获得水分的地方,在距谷底流水线较远处,分布则少。

（1）干旱、水分亏缺的危害。土壤中水分缺乏、强风、高温和土壤积水影响根系吸收能力,也可能造成树体水分亏缺。主要因为猕猴桃每天通过叶片蒸腾消耗掉水分,根系则从土壤中吸收水分供应着蒸腾的需要,如果水分的供应不足,树体内就会发生水分亏缺而受到伤害。

最先受害的是根系,根毛首先停止生长,随着干旱持续加重,根尖部位出现坏死,而地上部受害症状不明显。地上部受害表现为新梢生长缓慢或停止,甚至出现枯梢;叶面出现不显著的茶褐色,叶缘出现褐色斑点或焦枯,或水烫状坏死,严重者会引起落叶。当树体的叶片开始萎蔫时,表明植株受害已相当严重。

干旱、缺水对果实的危害:受害的果实轻则停止生长,重则会因失水过多而萎蔫,日灼现象也会相伴出现,日灼严重时果实常会脱落。

干旱对新建园的影响更大,新栽树的根系刚开始发育,吸收能力很弱,而地上部枝条的伸长很快,叶片数量和面积增加迅速,根系吸收的水分远远满足不了地上部分蒸腾的需要。如不能及时灌水,持续的干旱极易造成幼苗失水枯死。

(2)涝灾、水淹的危害。猕猴桃不耐水淹,一年生植株在生长旺季水淹1天后会在1个月内相继死亡,水淹6个小时的虽不造成死树,但对生长的危害程度很大,成年猕猴桃树水淹3天左右后,枝叶枯萎,继而整株死亡,其耐涝性比最差的桃树还差。

涝害对猕猴桃的影响主要是限制了氧向根系生长空间的扩散,造成通气不良,导致根系生长和吸收活力下降以致死亡,最终降低地上部分的生长活力,影响果实产量与品质。

2.猕猴桃需水时期

保持果园土壤湿度为田间最大持水量的70%～80%,低于65%应及时灌水。萌芽前后、开花前、谢花后均应灌一次小水,果实迅速膨大期可灌水2～3次,采收前15天左右应停止灌水,越冬前应灌一次透水。

(1)萌芽期。萌芽前后猕猴桃对土壤的含水量要求较高,土壤水分充足时萌芽整齐,枝叶生长旺盛,花器发育良好。南方一般春雨较多,可不必灌溉,但北方常多春旱,一般需要灌溉。

(2)花前。花期应控制灌水,以免降低地温,影响花的开放,因此应在花前灌水1次,确保土壤水分供应充足,使猕猴桃花正常开放。

(3)花后。猕猴桃开花坐果后,细胞分裂和扩大旺盛,需要较多水分供应,但灌水不宜过多,以免引起新梢徒长。

(4)果实迅速膨大期。猕猴桃坐果后的2个多月时间内,是猕猴桃果实生长最旺盛的时期,果实的体积和鲜重增加最快,占到最终果实重量的80%左右。这一时期是猕猴桃需水的高峰期,充足的水分供应可以满足果实肥大对水分的需求。根据土壤湿度决定灌水次数,在持续晴天的情况下,每一周左右应灌水一次。

(5)果实缓慢生长期。需水相对较少,但由于此期气温仍然较高,需要根据土壤湿度和天气状况适当灌水。

(6)果实成熟期。此期果实生长出现一小高峰,适量灌水能适当增大果个,同时促进营养积累、转化,但采收前15天左右应停止灌水。

(7)冬季休眠期。休眠期需水量较少,但越冬前灌水有利于根系的营养物质合成、转化及植株的安全越冬,一般北方地区施基肥至封冻前应灌一次透水。

3.猕猴桃灌溉方法

(1)漫灌。漫灌简单易行,投资少,但冲刷土壤,土壤易板结。耗水量较大,不利于有效使用有限的水资源,应尽量减少使用。

(2)渗灌。是利用有适当高差的水源,将水通过管道引向树行两侧,距树行约90cm,埋置深度15~20cm的输水管,在水管上设置微小出水孔,水渗出后逐渐湿润周围的土壤,此法比沟灌更省水,也没有板结的缺点,但出水口容易发生堵塞。

(3)滴灌。是顺行在地面之上安装管道,管道上设置滴头,在总入水口处设有加压泵,在植株的周围按照树龄的大小安装适当数量的滴头,水从滴头滴出后浸润土壤。滴灌只湿润根部附近的土壤,特别省水,用水量只相当于喷灌的一半左右,适于各类地形的土壤。缺点是投资较大、滴头易堵塞、输水管使田间操作不方便。

(4)喷灌。又分为微喷与高架喷灌,微喷使用管道将水引入田间,在每株树旁安装微喷头,喷水直径一般1~1.2m。省水,效果好;但需要加压,田间操作也不便。高架喷灌比漫灌省水,但对树叶、果实、土壤的冲刷大,也需要加压设备。喷灌对改善果园小气候作用明显,缺点是投资费用较大。

几种灌溉方法中,滴灌和微喷是目前最先进的灌溉方法,但投资相对较大,有条件的地方可以使用;渗灌不如滴灌和微喷效果好,但较漫灌好,成本相对较低,可以在大多数农村使用。

(二)猕猴桃的排水

土壤含水量达到土壤最大持水量的90%以上并持续2~3天时,猕猴桃叶片就会开始变黄。根系在土壤水分达饱和状态下9小时以上,1~2周后会出现部分植株死亡。

建园时应该建好果园排水系统,在低洼易涝果园的四周开挖1m主排水沟,面积较大的果园要在园内开挖排水沟,并与四周主排水沟相连,每年扩穴时把穴沟与排水沟挖通,以便排水,排水沟有明沟和暗沟两种。

明沟由总排水沟、干沟和支沟组成,支沟宽约50cm,沟深至根层下约20cm,干沟较支沟深约20cm,总排水沟又较干沟深20cm。明沟排水的优点是投资少,但占地多,易倒塌、淤塞和滋生杂草,导致排水不畅,养护、维修困难。

暗沟排水是在果园地下安设管道,将土壤中多余的水分由管道中排出,暗沟的系统与明沟相似,沟深与明沟相同或略深一些。暗沟可用砖或塑料管、瓦管做成,可以建成高约12cm、宽15~18cm的管道,上面用土回填好。暗管排水的优点是不占地、不影响机耕,排水效果好,可以排、灌两用,养护负担轻;缺点是成本高、投资大,管道易为泥沙沉淀堵塞。

第四节　猕猴桃的整形与修剪

一、猕猴桃的整形

(一)猕猴桃架型结构

整形直接关系着猕猴桃成园后的生长结果,整形采用的树形与所采用的架型、自然条件和品种特性等密切相关,不同的架型采用与架型相适应的整形技术。猕猴桃在栽培上主要采用的架型为"T"形架和大棚架两种。

1."T"形架

"T"形架具有架设方便灵活、易于架设的特点,常用于地势不平整、地形不规则的园地。优点是易整形,好管理,通风透光,果实品质好;缺点是结果面受限,影响产量持续上升。

2.大棚架

大棚架是目前生产上普遍采用的架型,其具有明显的优点:架型牢固,抗风性好;通风透光,结果面大;容易高产,果品质好。缺点是修剪不到位,架下易造成蔽荫,影响果实质量。

(二)猕猴桃树形结构

猕猴桃采用"单主干上架,双主蔓,羽状分布"的树形结构。整形时,在主干上接近架面的部位选留两个主蔓,分别沿中心铅丝伸长,主蔓的两侧每隔25～30cm选留一强旺结果母枝,与行向成直角固定在架面上,呈羽状排列。

(三)猕猴桃整形、修剪技术

猕猴桃树形结构的整形从栽植后第一年开始,直到第四年基本可以完成。

1.第1年的整形、修剪

苗木定植后的第1年,从新梢中选择一生长最健旺的枝条作为主蔓,在旁边插竿,用细绳固定在竹竿上,引导新梢直立向上生长,间隔30cm左右固定一道,防止新梢被风吹劈裂。注意不要让新梢缠绕竹竿生长,植株上发出的其他新梢,可保留,作为辅养枝,及时去掉嫁接口以下发出的萌蘖枝。

冬季修剪时将主蔓剪留3～4芽,其他的枝条全部从基部疏除。

2.第2年的整形、修剪

第2年春季,选择1条长势强旺的当年新发梢固定在竹竿上引导向架面直立生长,间隔30cm左右固定一道,其余新梢全部疏除。当主蔓新梢的先端生长变细、叶片变小、节间变长,开始缠绕其他物体时,进行摘心。摘心后顶部的芽发出二次枝后再选1条强旺枝继续向架面引导直立生长。当主蔓新梢的高度超过架面30～40cm时,将其沿着中心铅丝弯向一边,引导其作为一个主蔓,并在弯曲部位下方附近发出的新梢中,选出一强旺者将其引导向相反一侧,沿中心铅丝伸展作为另一个主蔓,形成双主蔓树形。着生两个主蔓的架面下直立生长部分称为主干。两个主蔓在架面以上发出的二次枝全部保留,分别引向两侧的铅丝固定。

冬季修剪时,注意架面上沿中心铅丝延伸的主蔓修剪不宜过长,否则容易中部光秃,剪留40~50cm即可,细弱枝剪留2~3芽,其他枝条均剪留到饱满芽处。如果主蔓的高度达不到架面,仍然剪到饱满芽处,下年发出强壮新梢后再继续上引。

3.第3年的整形、修剪

第3年春季,分别在两个主蔓上选择1个强旺枝作为主蔓的延长枝,继续沿中心铅丝向前延伸,架面上发出的其他枝条由中心铅丝附近分散引导伸向两侧,并将各个枝条分别固定在铅丝上。主蔓的延长头相互交叉后可暂时进入相邻植株的范围生长,枝蔓互相缠绕时摘心。

冬季修剪时,将主蔓的延长头剪回到各自的范围内,在主蔓的两侧大致每隔20~25cm留一生长旺盛的枝条剪截到饱满芽处,作为下年的结果母枝,生长中庸的中短枝剪留2~3芽。将主蔓缓缓地绕中心铅丝缠绕,大致1m左右绕一圈,这样在植株进入盛果期后枝蔓不会因果实、叶片的重量而从架面滑落。保留的结果母枝与行向呈直角、相互平行固定在架面铅丝上,呈羽状排列。

4.第4年的整形、修剪

第4年春季,结果母枝上发出的新梢以中心铅丝为中心线,沿架面向两侧自然伸长。采用"T"形架的,新梢超出架面后自然下垂呈门帘状;采用大棚架整形的新梢一直在架面之上延伸。

冬季修剪时在主蔓两侧每隔30cm左右配备一个强旺结果母枝。在有空间的地方,保留中庸枝和生长良好的短枝。

经过4年的整形、修剪,猕猴桃的树形结构基本成形。下一步的任务主要是在主蔓上逐步配备适宜数量的结果母枝,还需3年左右的时间才能使整个架面布满枝蔓,进入盛果期。

(四)猕猴桃多主干、多主蔓的不规范树形的整形、改造

1.伞状上架,多主干、多主蔓的不规范树形的缺点

在生产中不少人为了增加前期产量、提高经济效益,在幼树阶段采用伞状上架,造成了多主干、多主蔓的不规范树形,田间表现为树体"扫帚形""披头散发",枝条杂乱无章,通风、透光效果差,这种树形随着树龄的增长缺点越来越突出,具体表现为以下几点:

(1)大量浪费营养。这种树形用于主干、主蔓和多年生枝的加粗生长的营养超出单主干、双主蔓整形的数倍,把本应用于结果的营养用于没有价值的木材的生长,养分的无效消耗大大增加,降低产量与果实质量。

(2)枝条杂乱交错,架面郁蔽,通风透光不良,产量不高。多年生枝级次过多,一年生枝的长势明显变弱,果实个小质差;枝条相互交错紊乱,导致架面郁蔽,通风透光不良,难以实现优质丰产的目标。

2.整形、改造技术

这种不规范树形的整形、改造采用有计划、分年度逐步进行的方法,将不规范树形改造成为单主干、双主蔓整形。

(1)必须从多主干中选择一个生长最健壮的主干培养成永久性主干,在主干到架面的附近选择2个生长健壮的枝条培养为主蔓,再在主蔓上配备结果母枝。

(2)对永久性主蔓上的多年生结果母枝,剪留到接近主蔓部位的强旺一年生枝,结果母枝上发出的结果枝应适当少留果,促使其健壮生长,尽快占据植株空间。

(3)其他的主干均为临时性的,要分2～3年逐步疏除。首先去除势力最弱、占据空间最小的1～2个临时性主干,对其他临时性主干上发出的结果母枝要控制其生长势,缩小其占据的空间。在修剪、绑蔓时,临时性枝蔓都要给永久性主蔓上发出的枝条让路;下年冬剪时,再从其余的临时性主干中选择较弱者继续疏除。

(4)在架面以下永久性主干上发出的其他枝条都要回缩、疏除。

3.整形、改造时注意的事项

(1)不规范树形的改造主要在冬季修剪时进行,生长季节也要按照

改造的目标进行控制管理。

（2）改造时选留和培养永久性主干是关键,对临时性主干的疏除既不能过分强调当年产量而保留过多,也不能过急过猛,以免树体受损过重。

二、猕猴桃的修剪

（一）猕猴桃的修剪时期

1.冬季修剪

冬季修剪又称休眠期修剪,一般应在12月中、下旬至第二年元月下旬树体休眠期间进行,过早、过晚都会造成树体的营养损失。①

2.夏季修剪

夏季修剪主要在生长旺盛季节进行,从萌芽到采果前均可进行,夏季修剪改为四季修剪,3月下旬至10月。

（二）猕猴桃冬季修剪技术

1.幼树修剪

幼树及初结果树一般枝条数量较少,主要以培养树体骨架结构和继续扩大树冠为主。

2.盛果期树修剪

一般第6~7年生时树体枝条布满架面,猕猴桃开始进入盛果期,冬季修剪目的是维护树体良好的骨架结构,保持地上、地下部营养生长和生殖生长的平衡,延长其经济寿命。结果母枝首先选留强旺发育枝,在没有适宜强旺发育枝的部位,可选用强旺结果枝以及中庸发育枝和结果枝。强旺结果母枝的平均间距以25~30cm为好。

冬季修剪时要根据单株的目标产量及几个影响产量构成因素(结果母枝数及其上着生的果枝数、每果枝果实数和单果重等)之间的关系,大体上计算出单株平均留芽数。计算的公式为:单株留芽数=单株目标产量(千克)÷萌芽率(%)÷果枝率(%)÷每根果枝结果数÷平均果重(千克)。

单株留芽的数量因品种的特性及目标产量而有所不同,萌芽率、结果枝率高,单枝结果能力强的品种留芽量相对低一些,相反则应略高一些。

---

①黄武权,任建杰,齐秀娟. 猕猴桃果园冬季修剪技术[J]. 果农之友, 2018, (12): 13-14.

3.衰老期树修剪

树体进入衰老期后,树势明显衰弱,枝蔓生长和结果能力下降,果实品质、产量下降,结果母枝开始大量死亡。衰老期树主要对树体进行更新复壮、取弱留强、限制花量、回缩修剪。

4.雄株修剪

雄株的主要作用是为雌株提供量大、活力性高的花粉。对缠绕枝、细弱枝、病虫枝应回缩和疏剪;对过密的强旺枝要疏除,有空间处在饱满芽部位修剪,促使多发枝。夏季在开完花后,也要进行修剪。

5.结果母枝的更新复壮

从主蔓附近发出的结果母枝容量大,强旺结果枝多,果个大,产量高;从原结果母枝的中部附近发出的结果母枝枝条长度短,容量少,强旺结果枝少,果个相对小。修剪时要尽量选留从原结果母枝基部发出或直接着生在主蔓上的强旺枝条作结果母枝,将原来的结果母枝回缩到更新枝位附近或完全疏除掉。剪留过短,萌芽率低,结果枝数量少;剪留过长,枝条密集,互相遮阴,光照不良。尽量选用强旺枝作结果母枝,剪留饱满芽处。

结果母枝更新时,最理想的是母枝的基部选择生长充实、旺盛的结果枝或发育枝,这样就可直接将原结果母枝回缩到基部这个强旺枝,既能避免结果部位上升、外移,又不会引起产量的急剧下降。

(三)猕猴桃夏季修剪

夏季修剪指从春季开始直到秋季的整个生长季节的枝蔓管理。猕猴桃的新梢生长旺盛,常常造成枝条过密、树冠郁闭,导致营养无效消耗过多,影响生殖生长和营养生长的平衡及下年的花芽质量,不利于果实的膨大和果实品质的提高。夏剪的目的是改善树冠内部的通风、光照条件,调节树体养分的分配,以利于树体的正常生长和结果。

1.抹芽

抹去位置不当或过密的芽,包括根蘖、主干上发出的隐芽,结果母枝抽生的双芽、三芽及结果母枝上的多余芽。抹芽从萌动开始,每隔两周进行一次。

2.疏枝

根据架面大小、树势强弱以及结果枝和营养枝的比例,确定适宜的留枝量。疏枝从5月开始,6～7月枝条旺盛生长期是关键时期。疏病虫枝、过多营养枝、交叉枝和细弱的结果枝。

3.绑蔓

绑蔓是猕猴桃管理中的重要一环。当新梢生长到30～40cm时应开始绑蔓,每隔两周进行一次,调顺新梢生长方向,避免互相重叠、交叉,使其在架面上分布均匀,从中心铅丝向外引到第2、3道铅丝上固定。

4.摘心

主要对发育强旺的徒长枝、发育枝及强旺结果枝摘心,从主蔓或结果母枝基部发出的徒长枝,如位置适宜,留2～3芽短截,重新发出二次枝,可培养为结果母枝;对外围的结果枝可于结果节位以上留6～8片叶摘心,摘去枝梢顶部3～5cm。海沃德品种不抗风,当新梢长至15～20cm时及时摘去顶部3～5cm,可有效减轻风害。

第六章 果树园艺的发展前景——观赏果树

　　观赏果树的发展是调整我国果树产业构架和现代园林景观发展的必然趋势。从宏观上来说,其可以作为一个国家经济生活、民族健康水平、人民文化修养、企业文化的标志,也是社会和谐的象征。我国果树栽培及应用已经有了几千年的历史,但观赏果树的发展是一项古老而新兴的事业,人们对观赏果树的认知程度、观赏果树的种质资源收集、观赏果树的栽培技术体系、观赏果树景观效果等都有了一些研究,但在深度、广度上均不系统,尚有很长的路要走。

　　园林景观的发展水平与国民经济和社会发展在一定程度上是一致的,也反应社会进步的水平和人们生活水平的高低。十几年来,"果树进城"潮流、观光休闲等特色农业已得到了发展,观赏果树的应用开始受到相关研究机构的重视。因此,将观赏果树作为园林景观建设的可选材料之一,不但可以充分利用绿化空间,发挥果树结果的本身功能,而且利用果树的春花、夏叶、秋果、冬型等景观特殊性,可以丰富园林景观植物的品种多样性,为园林景观多样性提供丰富多彩的物质基础,因此进行观赏果树园林景观应用研究、将研究成果应用于园林景观建设实践是经济效益、社会效益和生态效益并举的基础性工作,具有现实和长远意义。

第一节 观赏果树的基础知识

一、观赏果树概念的界定

果树的园艺学概念指能生长出可食用的果实、种子等的木本植物或多年生的草本植物。自束怀瑞教授于1998年提出观赏果树概念后,各专家对观赏果树的概念又进行了多种界定。熊彪提出,叶、花、果等具有较高观赏价值且运用现有的果树栽培技术种植,能产生较好的生态效益与经济效益,可增加园林景观的持续性与园林景观树种的多样性的果树就是观赏果树。刘承珊、唐晓英提出,观赏果树是指主要观赏特性为果实及种子的一类果树植物。沈慧提出,观赏果树就是运用现有果树栽培技术,使其花、叶、果、枝等具有一种或多种观赏价值与经济价值的一类树木。俞益武等提出,观赏果树是指既可以在室外种植,又可在温室、盆内栽植的观赏价值较高的木本植物。于旭帆等认为,果实具有较高观赏价值与食用价值,能提供生态效益及经济价值的一类树木就是观赏果树。

《观赏果树在小区绿化中的应用》一文指出,所谓观赏果树,是指可以满足街道绿化、庭院美化、观光、休闲、游览等功能的果树。唐士勇等对观赏果树有着不同的理解,即所有的果树都存在一定的观赏价值。但由于自然的优胜劣汰、植物自身的习性及人工的选择,果树有了变异类型及众多的品种,人们再从中挑选形态优美、花美、叶艳、果甜的果树品种,使其作为观赏之物,尤其是珍奇的果树。梁平指出,观赏果树是主观果,也可观花、赏叶、鉴枝、闻香的果树。侯登高、张勤提出,观赏果树是指可以实现人们观光、休闲等愿望但又具有绿化等功能的观赏价值高的果树。胡忠惠等指出,观赏果树主要是指对其花、叶、果、枝、香等特性的开发与利用。所有能开花结果的果树都对人类有观赏价值,人们可根据自己的喜好,把果树作为观赏之物。郝洪波指出,观赏果树是在现有的果树种质资源中,有闻香、观花、赏叶、品果等一种或几种特性的树木。

作者认为,观赏果树就是在保留可食用果实的原始功能特性下,利用科学的栽培技术,选育出具有观花、赏叶、品果、闻香、观型等较高观赏价值及其他多种效益的一类木本植物或多年生的草本植物。[①]

二、观赏果树在园林景观应用的现状

观赏果树园林景观应用,在国内的发展比较晚,虽然束怀瑞、王丽琴

---

①贾敬贤. 观赏果树及实用栽培技术[M]. 北京:金盾出版社,2003.

教授对推动观赏果树的发展做出了巨大的贡献,但距离观赏果树的成熟应用,仍有相当长的路要走。

(一)国外观赏果树园林应用的现状

现代果树的观赏栽培技术,在欧洲得到了大力发展,如美国最近50年培育出的红叶李品种中应用于城市美化环境的就有42个,如黑人美、深红、考卢斯等;在澳大利亚、新西兰等国家,自采果园、观光果园的发展已为其旅游业增添了许多新内容。观赏果树在园林中的应用在国外已经发展成熟。日本、美国、新西兰、新加坡等国家对于观赏果树的选育与栽培早已收到成效。印度应用于城市园林的树木中,观赏果树约占1/4;而英国爱丁堡市中心的王子大街公园,掉落在地上的苹果也可以被游客随意拾起品尝。

(二)国内观赏果树园林应用的现状

早在周朝,我国就开始了果树在园林中的应用,据《诗经》记载,"栗在东门之外,不在园圃之间,则行道树也"。秦汉时期汉武帝创建的上林苑,近似现代的国家植物园,该苑仅桃树品种就收集了7个,扁桃、葡萄被汉代使者从印度、新疆等引种后也被作为珍稀树种种植于该苑中。东晋元帝时石榴、柑橘等果树也种植于南京华林苑。由此可以推断,果树在我国古代恢宏气派的皇家园林中有着不可替代的作用。

我国生产果树的种植历史非常悠久,大约在六千多年前,勤劳的人们就已经开始采集树上的野果食用。三千多年前,我国已开始种植梨、枣、桃、梅、李、粟等十几种果树。我国地大物博,南北自然、气候条件各不相同,果树品种等资源也异常丰富。现在,我国已经种植与培育的果树约有50多个科,计300多个种,其中主要栽培品种约有70种,约占世界果树资源的1/4。

我国果树种质资源异常丰富,在世界果树的发展史中成效显著。目前,从中国果树品种中选育或引入世界的优良品种很多。如葡萄牙的很多柑橘品种就是15世纪从我国台湾地区、福建、广东等地引走后栽培于里斯本皇宫,现已被称美名为"东方柑橘"而遍植地中海;哥伦布发现了新大陆后又将"东方柑橘"传入了巴西,而后再传入美国。所以,至今美国人仍然把宽皮橘叫"中国橘";日本僧人于500年前把一批柑橘品种从浙江温州一带带走而引入日本,成为当代风靡日本的品种"温州蜜柑"。而海沃德等猕猴桃著名品种,就是新西兰于20世纪初叶从湖北引种的美味猕猴桃品种经过几十年选育出来的。

我国现代观赏果树于20世纪70年代后期开始发展,直到20世纪90年代中后期才发展迅速。目前主题果园、市郊美化、小区庭院等景观应用在全国各地都在飞速发展,观赏果树资源的开发与利用也日渐广泛。观赏果树及相关产业如观赏苗圃基地、观光果园、果树盆栽和盆景等也不断壮大。中国工程院院士束怀瑞教授从1998年开始就组织了我国果树学科的科研人员,积极收集了国内外关于观赏果树的信息、资源,并着手引种及试栽,使观赏果树的相关研究在短时间内有了较大进展。现从国外引进的观赏果树种类包含19个不同科、36个不同属、196个不同种及相关栽培种。这些树种不仅具有生产果树本身的特性,还具有生产果树所达不到的优越的观赏性。如美洲观赏海棠,可分为垂枝型、小乔木及乔化树;叶色也多变,从绿到红再到紫;花重瓣、深色等。自生长起,美洲观赏海棠叶片就是魅力四射、色彩丰富。目前,由王丽琴教授帮助引入的观赏海棠,经过试栽培育的15个品种,均已通过省级鉴定,一些已通过山东省的品种审定,另一些品种正在申报审定。以下列举几种观赏果树树种观赏特性及其应用形式,如表6-1所示。

表6-1　观赏果树树种观赏特性及其应用形式

树种	科名	果实类型	果色	园林应用
荔枝	无患子科	核果球形	红色	孤植、行植、群植
杧果	漆树科	核果	黄色	庭院、道路绿化
桃树	蔷薇科	核果近球形	黄白色	成植、盆栽、桩景
李	蔷薇科	核果卵圆形	鲜红色	庭院栽植
樱桃	蔷薇科	核果近球形	红色	孤植、群植
枣树	鼠李科	核果椭圆形	暗红色	庭荫树
猕猴桃	猕猴桃科	浆果椭圆形	黄褐绿色	棚架
木瓜	蔷薇科	梨果长椭圆形	深黄色	庭院栽植
柿树	柿树科	浆果扁球形	橙黄色或鲜黄色	庭荫树

（续 表）

树种	科名	果实类型	果色	园林应用
石榴	石榴科	浆果近球形	红色或橙黄色	丛植、盆栽
葡萄	葡萄科	浆果圆形或椭圆形	红、紫或黄绿色	棚架、门廊绿化
苹果	蔷薇科	梨果扁球形	红色	庭院观赏
金橘	芸香科	柑果	金黄色	列植、盆栽
板栗	壳斗科	坚果总苞球形	黄褐色	孤植、群植、庭荫树
枇杷	蔷薇科	核果球形	橙黄色	孤植、丛植
无花果	桑科	隐花果梨形	黄绿色	庭院栽植

但是目前我国观赏果树应用还存在着许多隐患和通病,其中最突出的是,观赏果树在城市绿化中的应用模式比较单一,全年的观赏时间不长,容易造成资源的浪费。而且种类也较少,利用率也比较低。

由此可见,虽然我国果树栽培发展较早,但观赏果树的发展起步仍比较晚。目前虽然在观赏果树品种上有了较大的发展,但对已有品种的抗逆性改良及观赏特性方面研究还不够。

第二节　观赏果树在园林景观中的SWOT分析

我国传统的农业生产,果树只是被认为其果实可以食用的一种经济作物。而现代虽然我国是水果生产大国,果树产业也发展迅猛,但始终偏重于鲜食及果品加工,对果树的观赏价值重视不够。实际上,果树不仅有果可食,还有花可观、有叶可赏、有枝可鉴、有香可闻,具有较高的观赏价值,其美化观赏的价值及意义远大于生产的价值。

观赏果树在园林景观中的SWOT分析,就是对观赏果树在园林景观中的优势、弱势、核心竞争力等进行分析,使之更容易体现出观赏果树在园林景观中有着优越的观赏性、丰富的季相变化、对环境的抗逆性以及其对人们产生的经济价值、文化价值、生态价值、食用价值。

一、观赏果树的优势

(一)观赏果树的观赏性

观赏果树除了具有传统园林景观树种的特性外,还具有亮丽的花、奇异的果、迷人的香等特性,所以,观赏果树的园林景观效果极为丰富。鲜花盛开时,让人生气勃勃;熟果挂枝时,其独特的香,让人闻香思果、回味无穷,而果实本身也让人喜气洋洋;落叶飘零时,又让人感叹人生苦短、落叶归根。

1.观花

观赏果树的花除了了解其拥有传统果树的花形、花色外,还能对其形、色进行培育变种,使观赏果树色彩千变万化,从而达到不同的景观效果。如石榴花如火、梨花如雪等。观花型的观赏果树有石榴、海棠、桃和柿等。

2.品果

有些品种的果实观赏特性极其优越,其果形让人产生联想,如葡萄的果实如珍珠般晶莹剔透等,特别是葡萄的变种美人指,形如美人手指,煞是好看;丰富多彩的果实颜色,也可以让人流连忘返。如石榴、苹果等都是以红色或红黄相间的果皮及果肉的甜美而在主题果园、庭院、城市园林等景观中大放异彩;红皮梨以落花后即显现出艳丽的红色而引人入胜;美人指葡萄、佛手等则以其果实形态奇特、颜色艳丽、性感宜人而在园林景观中被广泛应用;黑籽石榴、牡丹石榴、碧绿红心李则以其果皮颜色全红或果肉色泽、特色种子而在园林景观中广泛应用。

观赏果树种类繁多,品种更是各不相同,果实颜色也各有千秋。如葡萄有红、白、绿、紫、黄等多种颜色品种。随着现代科学技术的发展及栽培选育技术的成熟,观赏果树的品种将会变得更多、更细,其果实的形状、颜色也更加的光彩夺目、珍奇,如榴梿、血橙、椰子等,其形、其色等都表现出了极高的观赏价值。

3.赏叶

古代哲学家说过,"世界上没有两片树叶是完全相同的"。这句话表明了观赏果树的不同品种间,甚至是相同品种间,其叶也有不相同的观赏特性,如椰子叶宽大且长、银杏叶为鸭掌状等。观赏果树不但可以欣赏叶形,更可以观赏叶色。特别是随季节变化而变色的观赏果树,如魔法一般,更能体现大自然的季相景观,如石榴春天为黄色,夏天变绿色;银杏春天为嫩绿色,夏季变成浓绿色,秋季却再变换为金黄色。

4.看型

枝形奇特的如桃,桃树皮呈黑色,枝形自然弯曲,尽显其苍老。因此,桃也被寓意为长寿。有些观赏果树更是具有花、叶、果、枝、型等多方面优越的观赏特性,如石榴、梨、桃等。

由此可见,观赏果树的观赏特性多样,更能体现季相景观,只要合理应用于园林景观,其观赏价值与经济效益更优于传统观赏树种。

5.闻香

观赏果树与传统景观树种最大的区别就是果香这一特性。果香的香味浓郁且能引人食欲,如清朝慈禧太后就非常喜欢摆果闻香,每年因满足个人的闻香嗜好所消耗的水果就不计其数。观赏果树的特异芳香,不仅可以振奋精神,还可以诱使游人品尝、体验,嗅香气、游香境、饮香茗、品香果,达到闻香、品香之境界,极具吸引力。[①]

(二)观赏果树的季相变化

在园林景观的应用中,最能体现季相变化的就是观赏果树,它可以体现春花、夏叶、秋果、冬姿,使园林景观能够根据季节变化而变换不同的景观,此种现象就是观赏果树的季相变化。现代观赏果树园林景观的应用,除了要求能为人们带来经济价值、文化价值、生态价值与食用价值之外,还要求能为人们带来最为自然的感受,这也是唯一能使人们感受到生命变化、人生意义的风景。

观赏果树的季相变化从原理上说就是观赏果树对于气候变化的一种反应,是观赏果树为了适应大自然的一种表现。只要合理利用观赏果树的形、色、花、果等观赏特性,巧妙地合理配置,使观赏果树在不同时期的变化达到最佳观赏效果,就能成为园林景观中动态的美景,正如"梨云""海棠雨"等文人墨客的理想境界。

[①]刘云安. 观赏果树在园林景观中的应用价值研究[J]. 建筑工程技术与设计,2018,(28):3481.

1.春季景观

冬去春来,万物苏醒,大自然开始尽显青山绿水。桃花一开,百花争艳,所以,许多文人墨客为此赞许"占断春光是此花""无桃不成春""桃花落尽春归去"等。春季景观中以观花为主的观赏果树有桃、李、梨、郁李等。

2.夏季景观

夏季,黄金色的枇杷果视觉冲击明显;火红的石榴花,花期长达几个月,在少花夏日也是耀眼的景观。夏季观花的观赏果树有石榴,红色小花似火烧;也有些许品种开白花,如龙眼,乳白色的小花密而多。夏季观赏果树多为观叶,但早熟的观赏果树果实观赏性颇强,如樱桃、油桃、枇杷、杧果、龙眼、荔枝等。

3.秋季景观

秋天是收获的季节,大多数观赏果树都是春花秋实。所以,秋季对于观赏果树一般都是观赏果实,品尝果实。很多观赏果树的果实或奇、或艳、或大、或怪,极具观赏价值,给万物飘零的大自然增添不少色彩。如果实黄色的观赏果树有海棠、梨、银杏、柚、橙、柑、橘等;果实紫色的观赏果树有无花果、西番莲、葡萄等。

此外,有些落叶观赏果树会随着秋季的变冷而改变其叶色,如在落叶之前,叶色首先呈现出深深浅浅的红色或黄色,色彩斑斓,如呈黄色或黄褐色的银杏、杏等。

4.冬季景观

冬季万物凋零,当落叶观赏果树树叶被北风扫尽之后,其干或苍古嶙峋、或粗犷大气、或线条柔美、或光洁无瑕的姿态,往往成为冬季园林特有的景观。观赏果树的枝条与树皮,除因其生长性而对树形有所影响外,它们的颜色也是园林中的一种景观。当冬季扫走落叶后,其枝干的颜色突显出来,让人在感叹生命凋零之外,体验另一番艺术之美。枝条形态优美或枝干色彩丰富的有观赏价值的果树,也被称为观枝果树,如树干苍古嶙峋、粗糙且具有质感的有柿树、桃树等,枝干形态珍奇的龙桑、龙枣等。

只要对观赏果树进行合理配置,建立季节观赏园,月月有花、四季有果的景观不难实现。

(三)观赏果树的价值

在观赏果树园林景观中,只有对观赏果树的配置及应用合理运用,才能体现其观赏果树的价值,即观赏果树的经济、文化、生态及食用价值。

1.观赏果树的经济价值

我国是世界水果生产大国,尤其是从20世纪80年代以后,我国果树种植与生产技术突飞猛进,成为农业经济的后起之秀。果树种植为促进国民经济发展做出了重要贡献,同时也为提高我国国民的生活质量起到了重要作用。

2.观赏果树的文化价值

园林景观中观赏果树上色彩艳丽的果实,不仅极大地诱使人们去欣赏、采摘、品尝,而且累累的硕果还令人联想着太平盛世、柳暗花明的美好生活,给人心灵以冲击。观赏果树在庭院中,不仅可以应用于装饰阳台、卧室等以丰富庭院景观中的内容,而且还能使庭院充满幽香,有着只羡田园、不理世事的韵味,并能放松心情,有益于身心健康;更有些观赏果树,不仅有香甜的果实可品,而且还有美丽的花朵可赏。因此,观赏果树可以达到春华秋实、夏叶冬枝的四季观赏效果。

观赏果树除了可以观光、赏叶、品果外,还有其特别的意义。据传说,很多观赏果树的由来都有其美丽的故事,如桂圆,传说古代四大美女之一的杨贵妃病了,吃不下东西,皇帝遍寻名医无果,后来,有人推荐一种水果,杨贵妃吃下水果后,病立刻就好了,因此,皇帝便给此种水果取名叫桂圆,寓意为贵妃身体复原。

3.观赏果树的生态价值

人们对园林景观不仅仅是要求园林绿地面积数量的增加,还要求园林景观绿地改善其生活居住及娱乐的环境。而这些要求就是观赏果树的生态价值,即通过观赏果树的能量流动及物质循环所产生的生态价值。

绿量,是生态园林建设及环境指标的一个重要概念,它不仅指植物生长中其植株所占有的空间,也包括了绿色环,即有利于人们生存的一切要素。所以生态效益取决于绿量,而绿量的指标则体现于观赏果树其植株所占有的空间面积的大小。改善园林景观的绿地植物配植以及空间构架,坚持观赏果树为主导植物,再合理对乔灌草的层次进行布局,以提高园林景观的绿地空间使用率,增加园林景观的绿量,让园林景观绿地把生态效益与景观效益最大地体现出来。观赏果树除了具有美化功能及经济效益以外,观赏果树本身都能够起到一定的改善与保护环境的作用。一般来说可以有增加湿度、调节气温、制造氧气、减噪、滞尘、抗污、杀菌和蓄水保土等作用。以垂丝海棠、杨梅、无花果及天堂草日吸收CO_2和释放O_2为例(如表6-2所示),说明观赏果树,特别是高大的观赏果树,其产生的生态价值要比灌木及草坪大。每公顷观赏果树每年可以产生12吨氧气,吸收16吨二氧化碳,可以吸收300千克二氧化硫。所以,观赏果树在园林景观中起着举足轻重的作用,是园林景观的结构骨架,观赏果树的应用也直接关系到园林景观的景观表现效果。

表6-2　绿量对照表

观赏果树	绿量(m^2)	吸收CO_2(kg/d)	释放O_2(kg/d)
垂丝海棠	165.7	2.91	1.99
杨梅	112.6	1.84	1.34
无花果	8.8	0.12	0.087
天堂草	7.0	0.107	0.078

　　观赏果树可以提高空气湿度、维持空气间的碳氧平衡、改善人们的生态环境、缓解热岛效应,还具有其独特的作用:①不少观赏果树枝繁叶茂,具有强大的降风减噪的作用,使强大的气流中携带的大粒粉尘下降、落地或附着在枝叶上。②很多观赏果树的枝叶表面有绒毛或可以分泌出带黏性的液体,可以滞留对人体有害的灰尘及粉尘,使其吸附在其枝叶表面;有些观赏果树还能吸收有害及有毒气体,对空气的净化起到了很大的作用。如对净化臭氧有很大作用的银杏树;能较多的吸收一氧化硫的柑橘;能吸附二氧化硫及铅蒸汽的石榴;散发出特别的气味,能杀死害虫、杀灭细菌的核桃树等。③观赏果树其浓密的枝叶还能阻挡和吸收

噪音。当噪音经过观赏果树时，能被观赏果树挡住，尤其是枝叶的摆动，多层次地反射噪音直至消失，使人们的生活环境能够安静、舒适。

观赏果树对生态环境有较强的适应性，既能美化环境、净化空气，提高人们的文化、精神生活质量，又能通过观光果园等旅游形式，举办如"葡萄节""桃花节"等特色节日进行赏花、品果、采摘活动，促进旅游业的发展，并带动第三产业的发展，获得显著的经济效益、社会效益和生态效益。

4.观赏果树的食用价值

园林景观其目的在于观赏，但观赏并不仅仅是视觉的享受，更是眼、耳、口、鼻等身体感官的一种综合享受。如果园林景观中没有亮丽的色彩、没有其他生物的嬉戏、没有醉人的花果之香，饥渴而无以进食、疲惫而无以安坐，即使园林景观再美也让人无心观赏。现代园林景观，被要求的不仅是景观环境的优美，更要有园林特色的饮食。而观赏果树就是园林景观的主导。采摘、品尝果实，对厌倦城市喧嚣的游客所起的精神作用往往大于物质方面的。

与此同时，观赏果树与旅游结合，也起到了意想不到的效果。如以葡萄酒闻名世界的法国组织的"酒乡行"活动就吸引了世界各地的游客，使游客不仅可以参观先进的酿酒作坊及葡萄园，了解酿酒的技艺，还能参与葡萄酒的酿制并品尝葡萄美酒，参与当地的酒庆活动，从而学习高雅的葡萄酒文化。

二、观赏果树的弱势

观赏果树虽然是园林景观应用的趋势，但观赏果树的优势也往往成为其发展的制约因素，主要表现在恶意采摘、果实污染等。

（一）恶意采摘、人为破坏

观赏果树的果实除了观赏外，更可以食用。所以，在果实成熟的季节，个别市民及游客在行道树景观、公园景观中自采果实而损害观赏果树的现象时有发生。其实，观赏果树作为城市景观时，果实仅仅是提供观赏及吸引鸟类等其他生物以丰富城市生物多样性，满足动物的食用，而果实品质、口感则在其次。所以，发展观赏果树，首先应大力宣传及保护观赏果树。

（二）果实造成的污染

在城市观赏果树的应用中，因零散地栽植观赏果树导致其管理不便、果实采收难，所以容易造成观赏果树因果实成熟而脱落甚至腐烂的后果，给城市路面及周边环境造成了污染，影响了市容。

三、观赏果树的核心竞争力

从果树品质来看，观赏果树是由人们长期选育及繁育而来，所以，观赏果树的品质、形态等特点优于生产果树；而从观赏树木来看，观赏果树更优于传统观赏树木，因为观赏果树的果实及果香，能体现大自然的丰收美及季相景观，更能使游人达到闻香、品果、赏花的多元境界。

（一）优新

优新指果实形状新颖且口味鲜美。如榴梿，果皮黄色，肉质金黄，果香浓郁，闻之皆醉，万里飘香，因此被誉为"水果之王"。又如果实汁液如血的血橙，亮丽新颖。

（二）艳美

花果皆美，如石榴，盛夏时节，满树红花犹如火烧一般，且花期较长，到秋季鲜红硕果如灯笼一般挂在树头，煞是好看。

（三）珍稀

指观赏果树的果实奇特，世间罕有。如山竹，形状和大小像一个柿子，近圆形，果皮红紫色。剖开果实可见到6～8瓣白色果肉，果肉柔软，甜酸可口，风味独特，是最美味的水果之一；椰子树干通直，很难攀爬，椰子果实通体浑圆，果皮异常坚硬；奇特的是椰果有三孔，一真两假，只有真孔才能轻易地被打开，被喝到椰水，十分罕见。

（四）奇特

奇特指花或果形状怪异独特，如形状似古代磨盘——磨盘柿；形状似文人雅士把玩的茶壶——茶壶枣；形似酒瓶——五九香梨；形似珍珠、玛瑙——葡萄；形似人手——佛手，果实成熟期，它的形状犹如伸指形、握拳形、拳指形、手中套手形人手，惟妙惟肖。

四、观赏果树应用中面临的威胁

观赏果树虽然是园林景观中的优秀新型树种,但观赏果树的发展仍面临着威胁,其主要表现在城市生态环境的恶劣及观赏果树移植易死亡等。

(一)城市生态环境恶劣

随着我国经济的飞速发展,国民经济收入的不断提高,我国城市的生态环境遭到不同程度的破坏,导致观赏果树的生存环境也受到了极大的威胁。城市的水泥路面限制着观赏果树树径的生长;而水泥路面下密布的水、电、污管网及生产生活废渣,更成为制约观赏果树生长的一大要素;且城市因为水泥的大面积铺设,土壤存水、蓄水功能降低,导致观赏果树生长不易成功;而城市观赏果树粗放的管理,也使观赏果树生长容易死亡。

(二)观赏果树移植易死亡

在园林景观中,具有优越的观赏性的观赏果树不是本身生长在园林中的,而是从各地购买、移植而来的。而在观赏果树移植的过程中,工作人员移植技术不够或移植、转植过程中切断、挖断其主要根系而导致死亡是观赏果树应用不佳的主要原因。因此,要加强对园林景观施工相关人员的培训,使观赏果树在移植过程中的存活率提高。

通过对观赏果树的优势及核心竞争力分析,验证了观赏果树作为园林景观应用的一种新兴树种,其观赏性除了与传统园林景观树种一样可以观花、赏叶外,还拥有品果、看型、闻香等传统园林景观树种所没有的特殊功能;观赏果树的季相变化也极其丰富,其春季百花争艳、夏季浓绿泼洒、秋季万果争香、冬季枝态尽显;且观赏果树的抗逆性强,很多果树可以在恶劣的环境下生长,可用于治河、治沙等、表现出了极大的应用价值。

第三节 观赏果树的应用

随着现代化城市建设的飞速发展,人们的居住环境也随之日益恶化,雾霾、水污染、土壤沙漠化等名词给人们一次次敲着警钟,所以,改变人们的生活、居住环境是园林工作者刻不容缓的工作。以乔木为主体,建立森林生态系统,组成强大的生态服务功能是改善环境问题的一个有效途径。而观赏果树及其应用方式就是改善人们居住小环境的主要因素及美化方式。

一、观赏果树的室外应用

观赏果树室外应用非常广泛,主要分为主题果园应用、庭院应用、城市公园园林应用、居住区景观应用、街道景观应用等。

(一)主题果园的应用

1.主题果园发展的前景

目前,我国建设生态文明城市的步伐正不断加快,许多城市都已经成为或即将成为国家级园林都市。郊区作为城市与农村的结合部,大片的土地、便利的交通已使其成为城市优质农产品的补给线,游乐休闲的集散地,城市发展的战备所,其生态功能及经济效益已日趋明显。

我国已经进入了经济文明飞速发展的时期,居民的生活水平及经济能力都有了极大的提高,人们在辛勤劳作的同时,更希望拥有一个幸福、安静的居住环境,更加期盼着远离城市喧嚣、汽车尾气、雾霾等城市环境,渴望着宁静与祥和的田园风光,但这些仅仅依靠城市的公园绿地显然不够,这就要求在交通便利的郊区有大片的"花团锦簇"等类型的观光果园。所以,主题果园成为普通家庭休闲娱乐的集散地,因为它能够给予普通城市家庭参观自然、感受自然、体验劳动与收获的幸福感受。主题果园可以成功地将传统性、新奇性、知识性、趣味性、自然性、娱乐性等有机地结合起来。它是一种现代化生态农业发展的新模式、一种时尚的园林景观,它也是当前风景园林与传统果树业发展的新热点、现代风景园林景观应用的一种新形式。它不但能满足人们观光旅游、休闲、度假感受自然的需求,还能美化与改善生态居住环境,产生经济效益、生态效益与社会效益。

主题果园,除了被要求能够满足游客亲近自然、感受自然、自采自摘等体验需求外,还要具有观赏价值与便于管理。一般来说,矮化植株品种能够密植,并形成量产及景观。在管理上也与传统果树不同,简化了繁杂的修剪、整形技术,可以简单修剪甚至不剪,使其保持自然魅力;为了方便游客亲近自然、观赏采摘,在疏花疏果、喷施农药、采收方面也都省时省力。甚至可以在露地栽培供游人挑选、购买后上盆,使之成为优良的盆栽果树,如发财橘、小桃树、南方苹果、石榴、小金橘、李子等都具有鉴枝、观花、赏叶、品果等基本特性。

2.主题果园的类型

把历史悠久、品种及变种丰富的观赏果树分类、分区栽培的果园,就是主题果园,而根据应用的主题的不同,主题果园一般可分为品种展示园、园艺技艺园、观光采摘园、果树盆景园等。

(1)品种展示园。品种展示园就是集中栽培多品种的观赏果树,特别是新品种或新类型,以供游客体会大自然的神奇。

(2)园艺技艺园。园艺技艺园是一种教育科普的园林新形式,园区主要展示园艺的栽培技术,或嫁接、修剪等其他园艺技艺。如树形的修剪、观赏果树的养护、果品的正确采摘,甚至是将不同品种的果树相互嫁接。如将苹果嫁接在梨树上或山楂上,显示出园艺世界其乐无穷。

(3)观光采摘园。观光采摘园就是在果实收获的季节,允许游人自行采摘,享受丰收的乐趣。如今,观光采摘园在全国各地风靡一时,深受休闲娱乐者的喜爱。因为观光采摘园不仅能自采自摘,更有美丽的田园风光,使厌倦了城市喧嚣的游客流连忘返。且游客的自采自摘,还节省了生产者采摘的时间与运输销售的费用,提高了生产者的经济效益,更使得观光采摘园有了更大的发展。

(4)果树盆景园。果树盆景是将果树与其他建筑材料及小品进行艺术加工与布局,将神奇的大自然盛装在盆中的一种艺术。而将众多的盆景作为一个主题果园,带给游客的将会是一场艺术盛宴。春华秋实,小小的盆内观赏果树苍劲古朴,而红红黄黄的果实挂在盆景内,让人感觉转眼之间又换新颜,让人体会生命的可贵、时间的停顿。目前,适作盆景应用的观赏果树主要有南方苹果、石榴、无花果等。此外,在野外生长的野生果树经过大自然的雕琢,其盆景利用价值更高。

(二)观赏果树在庭院的应用

庭院是人们生活、居住的地方,利用庭院栽培,是发展庭院经济、使传统庭院栽培生产向现代化庭院栽培生产过渡的一种重要经营方式,是运用现代科学技术对庭院进行多渠道、多层次发展的综合形式。所以其应用应体现在庭院住宅小区的景观美化中,如生物墙、屋顶绿化、生态围墙和绿屋工程等垂直绿化。而对庭院景观的观赏效果产生至关重要作用的,还有观赏果树的高度、体量、色彩、树形等特色。所以,观赏果树不但可以形成特别的生态植物群落,而且可以达到独立的景观美化效果,发挥其生态效益,提高庭院景观的质量。一般来说,无论庭院面积是大还是小,庭院的布置都要求精致,特别是在保健功能及观赏功能上,更要仔细思量,做到观赏果树卫生保健、体量适当、姿态优美。因此,主要选择以孤植、混植及架植为主体的庭院应用类型;再结合栽培、食用及观赏等特性,或与小型温室相结合,展现庭院园林景观特色,如葡萄、银杏、杨梅、桃、石榴、无花果等都是比较常见的庭院观赏果树。

庭院园林景观就是根据中国人多地少的国情,充分利用庭院闲散地,因地制宜,立体栽培,美化环境,使庭院闲散地充分利用,多形式、全方位美化庭院景观,更能增加家庭收入,达到振兴经济、丰富城乡市场的宏伟目标。目前在我国,庭院园林景观已与公园园林景观、观光果园景观一起,引起人们浓厚兴趣,受到人们普遍关注。

1.庭院的配置及造景的注意点

(1)功能要求。观赏果树有调节气温、遮阴挡雨、减少地面散热等生态功能。所以,在庭院景观中,庭院西侧可以栽植高大的观赏果树以遮西晒;北侧可以栽植高大的观赏果树阻挡大风;而南侧可以栽植藤本观赏果树,让人们在炎夏时可以乘凉并品果。

（2）构建庭院景观主景。庭院景观应根据其自身的条件,如庭院大小、方位、景观特殊要求等选择观赏果树作为主景。孤植、对植、丛植等多种应用都可构成庭院景观主景。

（3）庭院景观配景的构建。观赏果树不仅可以作为主景,还可以与庭院建筑(如房屋)等其他建筑小品结合,作为陪衬,更显其建筑主体的突出、宏伟。如果庭院较大,可以成片种植观赏果树,如围墙、房屋一侧等,起到隔离空间与保护庭院等作用。如苏州拙政园一景,石榴栽植在亭廊边,可观叶、可赏果,且形体丰腴。盛夏时节,石榴深红的果实如同灯笼一样挂满枝头,与金黄色的琉璃瓦有着强烈的对比效果,使亭廊等其他建筑小品线条更加柔美,造型更加别致、精美。

2.庭院观赏果树的选择

庭院一般面积不大,但是要求观赏果树可以获得花、果、叶、树等多种观赏效果,且占地面积小,可调节小环境、形成小气候。所以,庭院观赏果树一般选择形态优美、安全保健、花香果甜,且耐修剪、少病虫害的树种。

（三）城市园林的观赏果树应用

1.城市公园的观赏果树应用

城市公园是人类贴近自然、感受自然的理想场所,也是人们的休闲、娱乐、活动中心,它是以植物为主体,加以悠闲娱乐等建筑的一种艺术空间,而观赏果树就是创造这种自然艺术空间的理想树种。因为观赏果树可以独立成景,成为城市公园的标志;也可以与其他植物配景,形成大气恢宏的群落景观,也可以与小桥、流水、湖畔等组景,形成特定的景观。

观赏果树在城市公园中应用较多,所以是现代园林景观营造小环境的优良树种。观赏果树可以与其他植物结合营造自然群落景观,也可以单独应用,自成一景,成为焦点。如石家庄植物园的植物群落应用,其色彩丰富,高低起伏有韵律,与人工假山相结合,做到人类亲近自然。

2.街道景观的观赏果树应用

街道景观是城市的标志与形象,是其市容市貌的一项重要指标。为体现街道景观功能的需要与适应能力,在街道景观中,观赏果树的应用一般多选用树姿优美、树冠大、花香果艳、寿命长、树干通直、耐修剪、叶色具有季相变化的果树,如荔枝、龙眼、阳桃、椰子、杧果、橄榄、木菠萝、枇杷、蒲桃等。其应用的形式可以以一种果树列植,也可以混合种植其他的观赏果树,如桃树、垂柳与花灌木等;在拥有较大面积的街旁等地方,栽植银杏、龙眼、木菠萝等果树,再配以灌木、草坪,使其完美结合,形成优美的田园风景。

街道绿地应用,其功能首先在于保证安全、美化城市、组织交通等需要。所以,街道绿地应用时要根据不同的街道功能而选择不同的应用形式。其次,道路绿地日照、水分、土壤等都与其他园林景观形式不同,主要表现在辐射温度高、有害气体多、管道线网密布等,因此,在街道绿地应用时要求观赏果树成活率高、抗性强、寿命长、耐修剪、病虫害少、管理养护容易等。最后,道路相交处,不可以栽植高大乔木,以免阻挡司机视线而发生事故。此外,还要丰富景观层次,避免病虫害相互感染。

3.居住区景观的观赏果树应用

城市园林景观系统中分布最广泛、与居民生活息息相关的景观就是城市居住区景观。它可以改善居住区的小气候以及环境卫生条件,对居住区环境的景观美化有着不可替代的贡献。

观赏果树在居住区景观中的应用,要合理运用生态园林的理念,以改善居住区的生活环境为目标,使居住区景观的生态效益能够得到更高效的运用。

观赏果树在居住区景观的应用,还应在满足其使用功能的基础上,创造丰富的景观效果和美的意境,即既可以寄托与表达人们的感情,还能重视生态环境,富有文化内涵。如傲然的姿态:梅花——墙角数枝梅,凌寒独自开。遥知不是雪,为有暗香来;缤纷的色彩:色叶木(李、黄连术等)——分外妖娆,白花(芒果等)——纯洁的爱情,红花(木槿、桃等)激情与斗志;醉人的芳香:梅花——梅花香自苦寒来;利用美的芳名:桃花、李花——投桃报李,杏花——幸福。

居住区绿地的景观,主要是观赏果树的群落应用与品种选择,所以,必须选择安全保健、无毒无害的树种。如无花果、枇杷、银杏等,其还具有许多的药用价值。居住区群落一般应具有调节小环境的功能、自我循环的系统,通过观赏果树树种的相生相克作用,以相互防治、减少病虫害,起到粗放管理、人工投入少的作用。①

二、观赏果树在室内的应用

观赏果树在室内应用主要是指美化展厅、餐厅、客厅、卧室等封闭式空间,其应用主要有果树盆景、盆栽果树及果实应用等。

(一)果树盆景

1.果树盆景的发展衍变

中国盆景有着悠久的历史、以其内容之丰富、艺术之精湛而闻名世界,为我国传统艺术。现在盆景业内专家认为我国盆景起源于公元25～220年东汉年间,形成于公元618～907年唐朝年间,兴盛于1368～1911年明清时期。但作为颇有特点的盆景大类——果树盆景,在历史起源的时间上还无定论。根据其特点,应与盆景起源于同一时期,一般以盆栽容易结果的果树而发展起来的。

果树盆景的发展艰辛而漫长,由于技术限制,很长时间只能选择易于结果的树种,所以,盆景的发展一般为观叶类盆景。果树盆景的发展是在20世纪80年代以后,人们把传统的盆景造型技术与现代果树栽培技术相融合,把果树盆景作为一个体系研究,其才成为真正的"果树盆景",成为中国盆景艺术中既古老又时尚的艺术杰作。

2.果树盆景的特点

果树盆景不仅是把果树移入盆内栽植,还要对果树进行造型与艺术加工,使果树盆景成为观赏价值高的艺术品以供人观赏。它是传统盆景艺术与现代果树栽培技术的高度融合,其特点有以下几点:

(1)姿态优美、花果兼收。果树盆景造型,就是要根据观赏果树本身的特点,创造一个盆内的小自然。其根、桩、形、神等都要淋漓尽致地表现,特别是果树盆景的挂果,多少、大小、色彩,这些都是果树盆景艺术的重要组成部分。特别是近年发展的大果型盆景,如桃、梨、柑橘等,都型果兼备,是任何场景都能吸引眼球的高贵艺术品。

①张凤英.观赏果树在园林绿化中的应用[J].江西农业,2018,(8):75.

（2）再现自然、颇有情趣。果树盆景是由果树的根、枝、叶、花、果等部分组成的观赏整体，每一部分都要尽善尽美。根显其古朴、枝显其苍劲、花显其妖娆、果显其丰腴。四季可赏，月月换新颜，充分体现大自然的魅力与情趣。

（3）品种资源丰富、便于生产。我国果树资源极为丰富，不管是苗木、砧木还是废弃树都是果树盆景的理想材料。果树盆景因其品种或果实的种种特性，可创造出不同的造型，一般来说，发展具有本地特色的乡土树种，就地取材，可以适应本地的环境条件，对于以后的艺术加工及养护比较有利。

（4）果树盆景技艺独特。果树盆景需要较高的艺术要求与造型技术，因为它与普通观叶盆景不同，也与传统的果树栽培不同，果树盆景是二者的融合与发展。它通过艺术造型与栽培，还须保留其果树的原始特性，才能达到形态美、观赏性高、花香果甜的效果。

3.果树盆景的现状与发展

果树盆景的发展是在20世纪80年代以后。随着人们对生活要求的提高与物质条件的改善，盆景事业得到了很大的发展。从造型及栽培技术上看，不仅可以保证挂果，还能对挂果的位置、大小、数量等多方面因素进行控制，使果树盆景造型更美观。从观赏期看，延长挂果期，也就增强了其观赏效果。在果树盆景发展的20多年里，许多的盆景企业看到了前景，先后大力发展果树盆景，使果树盆景成为盆景业的新亮点，以后也会更加成熟、辉煌地走下去。

4.果树盆景的应用

果树盆景是将果树与其他建筑材料及小品进行艺术加工与布局，将神奇的大自然盛装在盆中的一种艺术。它是现代果树栽培学原理与盆栽学、盆景艺术学等多种学科的完美结合。果树盆景既能体现果树栽培的硕果累累，又能体现中国古典盆栽、盆景的艺术美，更能融入山石等建筑材料的奇俏之美，具有独特的效果与特色。果树盆景的应用，因其表现的艺术美与丰收美，更具有观赏性。

果树盆景也是人们沟通感情的理想媒介，它可以作为礼品，传达人类的感情。果树盆景不仅好看、可食,而且也把文化品位表现得高雅清新,因为每种果树盆景都有其特别的寓意,比如杏因谐音"幸"而被代表幸运、幸福,葡萄因为结果多像铜钱而被代表利市、发财,苹果因谐音"平"而被赋予了平安的意思,柿子因谐音事而有了事事如意的意思,石榴因体内多籽而被赐予多子多福的意思,桃树因在植物中的长寿而被代表着健康长寿。所以,盆景高雅的文化品位,使其有着广阔的市场。

(1)果树盆景的观赏性应用。观赏性应用是果树盆景的主要应用方向,它能够体现春季花的多姿多彩、夏季叶的青翠欲滴、秋季果实的丰硕、冬季枝条苍劲挺拔、盘若蛟龙的特有魅力,富有情趣,果树盆景又被业内人士称为集奇、妙、新为一体的高雅艺术。因此,果树盆景经常被用作环境的装饰,以改变居住空间的格调及气氛;并作为送礼佳品,充当沟通人类情感的理想媒介。因为它能体现主人情操、陶冶性情、修养身心,有些大师甚至把自己亲手培育出的果树盆景作为自己的化身。

(2)果树盆景的教育性应用。公益单位、家庭等组织以果树盆景作为教育目的的应用就是果树盆景的教育性应用。如公园、广场庆典等,每年节日及庆典期间进行的规则式摆放及其他的生物展示等,特别是有些地区不适合果树自然生长,果树盆景的教育性应用与科普作用就特别明显。

(二)盆栽果树的应用

栽植在盆、桶、箱、缸、篮等容器内的果树,我们称为盆栽果树。盆栽果树的果实与生产果树果实的营养价值相近,但果实外观更好,是介于生产果树与果树盆景之间的产物。盆栽果树可以观花、赏叶或配景、组景,其果实一般也可以食用,但主要目的还是观赏。随着现代风景园林的发展和生态环境的改善,盆栽果树的栽培简单、成本低廉、姿态优美、花果兼收,且因为是容器种植,观赏期又长,最适用于环境绿化及家庭装饰,所以被众多家庭所钟爱。盆栽果树一般可以观枝、观叶、观果、观形,果实一般也可以食用,只是重点还是它的观赏性。但值得注意的是,盆栽果树毕竟只是盆内栽植,其容器的容积有限,在生长一段时间后,根系生长就会受到限制,从而影响盆栽果树的生长发育,其观赏价值就会大大降低。所以,在栽培盆栽果树时,要经常注意给盆栽果树换盆及修根。

盆栽果树不仅可以观赏,还可应用于生产。盆栽果树的生长环境是在盆内,因此完全可以做到果品的零农药生产与工厂化;同时,还可以人为地控制果品的品质与元素含量,使其达到人们理想的品质。这是生产绿色无公害果品的理想方式。

(三)果实的室内装饰应用

1.居家环境的应用

人们经常吃的水果,如香蕉、杧果、苹果、梨等,也可以装饰居家环境。只要合理运用水果,就能产生各不相同的效果。如鲜花、水果放置于餐桌中间,艳丽的鲜花衬托出色泽淡雅的水果,可以促进食欲,营造舒适的就餐环境。

2.公共空间的应用

公共环境中的果实装饰,要根据其公共空间的主题而选择。可以以果实组合装饰,也可以与其他植物的花、叶共同组合,还可以用蔬菜层叠搭配,作为其他植物的衬托等。

3.节日花艺的应用

鲜花、水果,一般都衬托节日气氛,但不同的节日,表现不同的主题,所以,鲜花、水果的表现方法也各不相同。

观赏果树作为一种时尚、新生的园林景观树种正逐步地受到人们的欢迎,主要是因为它是现代生态农业发展的新趋势,更是理想的科普教育基地;且观赏果树在净化空气、保护环境、涵养水源等方面不输给传统园林景观树种,更可以增加农民的经济收益。观赏果树应用的提出,必将丰富观赏果树开发及应用的内容,促进观赏果树的良好发展,使观赏果树更好地为人们服务。

三、观赏果树在其应用中的发展建议

我国的观赏果树发展才走过短短二三十年,虽然观赏果树拥有了许多的应用形式,但还有很长的路要走。许多野生亟待培育品种资源还未开发,观赏果树的优越性也未完全地表现出来,所以,观赏果树的应用形式的开发、创新及其推广是未来重要的研究课题。

（一）重视观赏果树资源的开发、收集及整理

观赏果树的资源是其开发与创新的基础，我国果树资源极其丰富，其中许多野生亟待培育品种没有被发现与利用，所以，观赏果树的资源开发尤为重要。笔者发现野生优秀品种利用现代栽培技术进行人工培育是促进资源多样化的便利渠道。但人工培育时不仅要注意观赏特性丰富多彩，还要在抗性、生态效应及适应性上加强开发，使观赏果树不仅拥有奇特的景观，还要便于管理、粗放生长。

除此之外，研究时还要注意运用现代生物技术对现有观赏果树品种进行改良，使其观赏特性改变，如改变、调节或延长观赏期等，使之衍生出更多的品种，呈现花季不断、果香常有的美丽景观。

（二）应用形式多样化

观赏果树作为一种新型的园林景观树种进入园林景观体系，其观赏特性、生态价值、食用价值、经济价值都与生产果树不同，所以，其在园林景观体系中的应用形式还需要大力开发。如在城市园林景观应用中的观赏果树被整形、修剪，创造出形态各异的树形艺术形态，以冲击观赏者的视觉，提高观赏果树的景观价值；或运用现代嫁接手法，把不同品种的观赏果树嫁接在一棵树上，以产生"龙生九子各不同"的奇异景观；或运用新近流行的果实套袋、贴字等技术，使果实在生长的过程中产生"健康长寿""万事如意"等吉祥字样，以博得人们的喜爱；或采用人工授粉、控制水肥等技术，把果实培育成大、奇、珍等特性的果实，用以美化园林景观。

（三）加大观赏果树宣传力度

观赏果树在园林景观中的应用，虽然是给人们以美的享受，增加园林景观的美感与趣味，但也是对生态环境的有效调节。加大观赏果树宣传力度，使人们懂得欣赏观赏果树、保护观赏果树，将是发展观赏果树的关键，也是实现观赏果树产业化生产及创新的必要措施。

观赏果树的应用是生产果树脱离生产，以观赏为主的一种产业创新，是果树产业经济新的增长点，观赏果树的应用研究将对观赏果树的产业化发展具有重要意义，更对农民的经济收益、生态环境的保持、园林景观的丰富有着重要的影响。

第四节 园林景观中的观赏果树配置

一、观赏果树配置的生态适应性

(一)生态适应性

观赏果树配置的生态适应性,在于植物的生存条件,也叫生态因素,如果缺少,植物就会不健康发育或无法存活。任何植物都必须有一定的生态环境条件,只有满足其生态环境条件,生长才能良好,才能展现观赏果树的个体美及群体美。

植物的生态环境条件包括光照、土壤、水分、温度及空气等因素,它们对植物的生长发育有着必不可少的作用。植物通过长期生长的环境影响,形成了对其生态因子的需求,就形成了生态习性。

阳性植物,指对光照条件要求较高的植物,如苹果、银杏、桃等;中性植物,指对光照条件要求不严的植物,如无花果、核桃、葡萄、石榴等;阴性植物,指喜欢阴湿环境、畏强光照射的植物,如杨梅;防风植物,指树大根深、不惧强风的植物,如银杏等;耐盐碱植物,如桃、葡萄等。

(二)艺术原理的应用

植物景观设计必须满足植物与环境生态适应性的统一,又要通过艺术原理,展现出欣赏时的意境美及植物本身的形体美。以石榴配置为例,石榴形体优美、花可赏、果可尝、枝可鉴,是典型的庭院观赏果树,石榴的盛花期长,花小量大,色泽艳丽,景观效果好。此外,石榴果实还具有多子多福的寓意,能表达人们的意愿,在园林景观艺术性的运用中可以显得复杂且细腻。所以,充分运用观赏果树的色彩、形体等进行配置,借鉴古典文学中诗情画意的描绘,可以构成一幅能体现观赏果树的季相变化、生命周期的动态美景图。

观赏果树景观配置要遵循统一与变化、协调与对比、均衡、韵律和节奏四大原则。

1.统一与变化的原则

观赏果树景观设计时,其线条、色彩、形体等都有变化与差异,即多样性,但其多样性又掺杂着一定的相似性,即统一感,使整体景观表现既统一,又活泼。如果差异过大,就表现出杂乱、破碎,失去美的感觉;差异过小,会使整体景观过于呆板、单调。所以,在观赏果树景观配置中,要把握统一与变化的原则。

2.协调与对比的原则

观赏果树景观设计时要注意配合与关联其他事物,使整个景观具有舒适、柔和的美感。只有找出其关联事物的一致性与相似性,配置才能产生协调感。相反,把不相似的事物相关联,则产生对比的效果,能形成奔放、热烈、兴奋的感受,具有强烈的刺激感。所以,观赏果树景观设计时可以用对比来引人注意或突出主题。

3.均衡的原则

均衡的原则是将体量不同、质地各异的观赏果树进行对称式或不对称式配置的布局方法,使景观柔和、稳定。

4.韵律和节奏的原则

观赏果树配置时随着层次或平面的转变,就会产生韵律感,即在生态环境中把观赏果树以一定的秩序(或单体或群体)进行配置。这种配置能避免单调而增强景观动态感,表现其景观的生命印记。①

二、观赏果树的景观配置形式

常规果树是单一种植,观赏果树则拥有多种栽植方式。许多果树栽植在一起,可形成一定规模的风景果园或风景果木林,具有丰富的季相变化,其色彩与质感也非常明晰。在园林景观应用中,观赏果树的配置形式多样,从其植株生长发育过程看,观赏果树最能够体现时序变化。因此,观赏果树既能独立成景,也能与其他植物搭配组景,以构建成稳定持久的人工生态景观群落,丰富园林景观的层次,充实园林景观的观赏内容。

---

①谢金珠.观赏果树在园林景观中的实施要点分析[J].江西建材,2015,(14):211.

(一)孤植

孤植就是指单株观赏果树独立种植,一般是为了体现其高大的独立姿态而使用的孤立种植方法,孤植树一般植于园林中心位置的空旷地带,作为整个园林空间的主景及中心标志,以突出果树的个体美。孤植树一般种植于空旷的坪上、林缘、桥头、湖畔、门前等。

孤植树选择的条件一般为树姿优美高大、冠幅大、寿命长、枝叶繁茂、色彩鲜明、花果香奇、季相变化丰富等。如观赏果树比较常见的有柿树、银杏等。孤植树作为园林景观的组成部分,其姿态、形体、色彩等都应与相关景观协调对比度,使孤植观赏果树观赏性更加突出、丰富。如江苏省苏州市中"留园"的一处框景,芭蕉种植于漏窗后,使景观更加优美,色彩与风格相得益彰。但要注意孤植树的高度、枝条的修剪,以增加景观深度,形成"柳暗花明又一村"的美感。又如"杭州西湖"的早春景色,以桃花为框,以西湖、远山为画,近、中、远分明,整个景观独具匠心、分外美丽。

许多生动美妙的传说或是催人泪下的历史的见证者就是古老的孤植树,如嵩山少林寺的古银杏等。古树或名木,但凡树龄达到了一年者就可被称为古树。在园林景观中,古树、名木以它们苍劲古朴、优美奇特的姿态,可自成一景,以历史沧桑感为园林景观增添独特的文化艺术色彩。

在园林景观中,可以作为孤植树的也有小乔木或花灌木。主要是因为观赏果树具有奇特的姿态或观赏价值较高的花。在观赏果树的园林应用中,孤植的观赏果树奇特的形态、美艳的花色、枝条苍劲古朴、果实奇形异状、花朵满天飘香等都可成为园林景观中的主景,以增强园林景观效果,给人以视觉冲击。

(二)丛植

丛植是指由同种或异种的几株至七八株植物不等距离、不同规则地种植在一起融为一个整体景观的种植方式,即用多种乔木或乔灌木多层次结合组成的丛状种植,能表现出观赏果树群体美的配置方法。丛植对树木株数没有限制,对组合方法也无要求,只求能够表现自然,给人以美的享受,符合园林景观的配置规律,既能表现出观赏果树植物的组合美,又能表现出观赏果树植物的个性美。只是,其株数与群落设计一定要求遵循其设计意图及构图法则。

丛植景观一般要求在高度、姿态、体型与色彩上形成对比或衬托,以表现出观赏果树树体的丰满、飘逸,色彩上的翠绿、线条上的柔和。如石家庄植物园中的丛植,其配置多样,上层、中层、下层为不规则式布局,表现出了春赏花、夏观叶、秋品果、冬鉴姿等美景,其四季变化明显,色彩丰富,能给游客身在自然的感觉。

丛植,也可以作为一些硬质景观的应用背景,使硬质景物的线条变得柔和优美,也能使其景观更加丰富及柔美。

在丛植中,要合理搭配观赏果树的种类,特别需要注意搭配观赏果树习性的一致性及病虫害的预防性。其观赏果树的株行距要错落得当,疏密相间。也可利用株行距的疏密程度来调节观赏果树的高度,平展而稀,升高则密,这样能使起伏变化的轮廓线变得生动柔美。

(三)群植

以一两种乔木为主体,再搭配其他几种乔木或多种灌术,组成几十株或更多的较大面积的植物群体,这种观赏果树的配置方式称为群植。群植是由混合成群的栽植乔灌木(一般在30~40株以上)组成的类型。群植所体现的是群体美,所以,群植与孤植或丛植一样,非常适合作为园林景观中的风景应用。此种应用形式已在园林景观中被普遍应用,其与丛植所不同的是所用的观赏果树的株数增多、面积增大,也可以说是几个丛植在数量上的融合,是人工组合而成的景观。

群植时,必须多从园林景观上来探讨观赏果树的生物学与美观、适用等问题,这是观赏果树群落学知识在园林景观应用中的反映,是风景园林景观应用中提倡的种植方式。群植最有利于发挥其效益,第一层配置乔木,应该为阳性树种,第二层的亚乔木可以选择半阴性的,而种植在乔木下或北面的灌木则应该为半阴性或阴性的。喜欢温暖湿润的观赏果树配植在树群的南方和东南方。

但需要注意的是在一定范围内其群植、丛植的应用不能选择过多的品种,丛植与群植也不能应用过多,否则就会产生杂乱、烦琐的效果,使人分不清主次，审美疲劳。所以，在观赏果树的列林景观应用中，要尤为注意。

（四）林植

林植是一种较大规模、成片、成带的树林状的景观应用方式，是在园林景观中的再现自然森林生态景观的一种应用形式。这种配植形式一般多出现于城市公园、自然景观中的风景林带、工矿厂区的防护林带及城市外围的绿化及防护林带，如由龙眼、杨梅等应用的片林景观；或植于草坪边、池畔旁，都能形成不同的景色，分隔出不同的园林空间。一般常用的乔木观赏果树有枇杷、樱桃、银杏、李、梨、梅、柑橘、栾树等。

林植根据其种植形式可分为自然式、规则式。自然式是指模仿大自然种植的株行距随心所欲种植，前后距离也不用对称，只需粗略地掌握株行距，其能自由地生长，控制一定面积内对株数的种植。同一种观赏果树林植成的纯种林整齐自然，更容易体现出观赏果树的群体特性，而多种观赏果树组合而成的混植搭配景观则更加丰富，可防治病虫害，有益于生态平衡。原始森林就是多种树木混植生长。规则式的应用效果足以体现园林景观的恢宏与气势。所以，规则式要求树木排列前后左右皆相对齐，人为干预较多。

观赏果树在林植应用时，首要应选用土生土长、稳定的乡土树种，这样既可以做到不会过早更新，又具有地方特色。而观赏果树种植的密度则应根据当地的地形、气候、土壤和观赏果树本身的情况等环境条件而定，不能只考虑近期效果而给以后的养护造成很多问题。

（五）列植

在居住区或工厂等构筑物前、广场边缘、规则式道路或围墙边缘，观赏果树配植形式呈单行或多行的行列，以一定的相等距离进行的栽植形式，称列植。列植有时也称带植，是呈带状或呈条状进行栽植的观赏果树，一般多应用于规则式广场、陵园的周围及街道旁。如果作为隔离空间或其他园林景物的背景应用，可以应用成树屏。在水池、道路或其他构筑物周围配植时则用不等距离或等距离成条状种植。列植的目的主要是划分空间、勾勒园林景观的轮廓或是导向。

（六）对植

在广场、公园的入口、建筑物前,左右各种植单株或多株观赏果树,使之对称呼应的称对植,对植一般是用数量、体量及品种大致相等的观赏果树。

在进行观赏果树配置时,应遵循观赏果树生态适应原则及美学艺术等原则,选择具有艺术美感,或观花、赏叶、闻香、品果等功能的乡土树种。在观赏果树空间排布上,主要有自然式配置及规则式配置两种,自然式配置包括孤植、丛植、群植、林植等,规则式配置则有列植、对植等。不论何种配置形式,在不同的园林景观中都表现出不同的景观效果。如孤植应用于广场上以展现优美的树姿;丛植应用于湖畔、亭阁旁以衬托湖畔、亭阁的自然美与建筑美;群植应用于公园起到点缀公园的作用;林植植于公园一角或主题果园,能起到分隔空间作用及实现生态生产功能;列植植于陵园两侧,其挺拔、高大的树姿给人以保卫、静默之美,让人肃然起敬;对植植于公园门口等,能让人产生平衡、规则的感觉,使人中规中矩、心情平静等。观赏果树配置,只要适地适树、配置合理,就会形成优美的园林景观。

参考文献
REFERENCES

[1]车艳芳,曹花平.桃梨苹果高效栽培技术[M].石家庄:河北科学技术出版社,2014.

[2]陈海江.果树苗木繁育[M].北京:金盾出版社,2010.

[3]段乃彬.栽培苹果起源、演化及驯化机理的基因组学研究[D].济南:山东农业大学,2018.

[4]关荣智.苹果园的土肥水及花果管理[J].农业与技术,2015,35,(22):143.

[5]侯振华.苹果种植新技术[M].沈阳:沈阳出版社,2011.

[6]黄武权,任建杰,齐秀娟.猕猴桃果园冬季修剪技术[J].果农之友,2018,(12):13-14.

[7]贾敬贤.观赏果树及实用栽培技术[M].北京:金盾出版社,2003.

[8]雷颖,蒲莉,任继文.苹果树整形修剪实用图谱[M].兰州:甘肃科学技术出版社,2012.

[9]李会平,苏筱雨,王晓红.果树栽培与病虫害防治[M].北京:北京理工大学出版社,2013.

[10]梁红,黄建昌,柳建良.果树栽培实用技能[M].广州:中山大学出版社,2012.

[11]刘云安.观赏果树在园林景观中的应用价值研究[J].建筑工程技术与设计,2018,(28):3481.

[12]齐秀娟.猕猴桃实用栽培技术[M].北京:中国科学技术出版社,2017.

[13]王国立,吴素芳,黄亚欣,等.猕猴桃土肥水管理技术要点[J].农技服务,2014,(11):97.

[14]王丽君.果树病虫害防治手册[M].石家庄:河北科学技术出版社,2014.

[15]王转莉.果树生产技术基础理论[M].银川:宁夏人民出版社,2014.

[16]谢金珠.观赏果树在园林景观中的实施要点分析[J].江西建材,2015,(14):211.

[17]徐义流,张晓玲.猕猴桃优质高效栽培新技术[M].合肥:安徽科学技术出版社,2015.

[18]杨谷良.猕猴桃无公害栽培、品种筛选及贮藏生理研究[D].长沙:中南林业科技大学,2011.

[19]张凤英.观赏果树在园林绿化中的应用[J].江西农业,2018,(8):75.

[20]张明明.苹果、桃施肥方法调研分析[D].济南:山东农业大学,2017.

[21]邹彬,吕晓滨.果树栽培与病虫害防治技术[M].石家庄:河北科学技术出版社,2014.